Contents

01 お花模様のセーター（ショート丈） P.5／P.50

02 お花模様のニット帽 P.5／P.54

03 お花模様のセーター（ロング丈） P.6／P.52

08 模様編みポンチョ P.12／P.62

09 模様編みハンドウォーマー P.13／P.61

10 コットンフリルセーター（A） P.14／P.64

15 耳付きキャスケット P.22／P.72

16 耳出しキャップ P.22／P.74

17 段染め糸のスヌード P.25／P.75

18 段染め糸のセーター P.25／P.69

23 チェック柄フード付きポンチョ P.30／P.84

24 チェック柄フードウォーマー P.31／P.83

25 フロアクッション P.32／P.86

26 わんこベッド P.33／P.87

27 デニム風スリングバッグ P.34／P.88

28 フェイスがま口 P.36／P.89

04 わんこ模様の
セーター
P.8／P.56

05 わんこ模様の
ミトン
P.9／P.55

06 ロピ風セーター
P.10／P.58

07 ロピ風
ショートケープ
P.11／P.60

11 フリル
アームカバー
P.16／P.65

12 コットン
フリルセーター（B・C）
P.16、18／P.66

13 しましまセーター
P.20／P.67

14 しましま
フェイスマフラー
P.21／P.70

19 フード付き
デニム風セーター
P.26／P.76

20 ポケット付き
デニム風バッグ
P.27／P.78

21 編み込み模様の
ターバン
P.28／P.80

22 編み込み模様の
首輪
P.29／P.82

撮影に協力してくれたわんこたち… P.39
わんこセーターの編み方……………… P.40
わんこ服を編む前に………………… P.46
How to make ………………………… P.50
かぎ針編みの編み記号……………… P.92
棒針編みの編み記号………………… P.94

〈本書の使い方〉

◆掲載中の犬の洋服は、すべてモデル犬のサイズに合わせて製作しております。P.46〜を参考に、愛犬の寸法で計算してください。モデル犬のサイズと愛犬のサイズを照らし合わせて3、4cm以内の誤差であれば、掲載の図のとおりに製作してもあまり影響はありません。

◆作品はかぎ針編みと棒針編みがあり、またウールを使用した秋冬向け、コットンを使用した春夏向けのものがあります。作品ページ内のマークの意味は以下を参考にしてください。

↑ =かぎ針編み　 =春夏仕様
✕ =棒針編み　 =秋冬仕様

※季節マークのないものは一年を通して使っていただけます。
※印刷物のため現物の色と異なる場合があります。
※作品で使用している糸の表示内容は2019年9月のものです。

no. 01

お花模様のセーター
（ショート丈）

シンプルで編みやすいお花模様のセーター。ショート丈なので、毛がふかふかのわんこやゆったり着こなしたいぽっちゃりわんこにもおすすめ。

How to make ▶ P.50
Model／ボー
Design／Ricaco Yahata

no. 02

お花模様の
ニット帽

セーターと同じお花模様の帽子。配色を変えることでお散歩にちょうどいいお揃い感を演出します。

How to make ▶ P.54
Design／Ricaco Yahata

no. 03 ⛄✗

お花模様のセーター
（ロング丈）

ショート丈と同じお花模様のアレンジバージョン。全5色をミックスした華やかな全面模様とお尻まですっぽり包むサイズ感がポイントです。

How to make ▶ P.52
Model ／プー、コハル
Design ／ Ricaco Yahata

平均的な
小型犬サイズです

プーちゃんのサイズで、コハルちゃんも兼用できました。

no. 04 ☃ X
わんこ模様のセーター

わんこの編み込み模様とシックな
デザインが特長。袖なし、短めの
シンプル仕様なので中型犬がゆっ
たり着られます。

How to make ▶ P.56
Model ／サクラ、ジェン
Design ／ Ricaco Yahata

平均的な
中型犬サイズです

サクラちゃんのサイズで、ジェンちゃんも兼用できました。

no. 05

わんこ模様のミトン

かわいいわんこ模様と大人っぽい
カラーリングのギャップが魅力。
愛犬に合わせた模様にしましょう。

How to make ▶ P.55

Design ／ Ricaco Yahata

no. 06 ⛄❌

ロピ風セーター

人気のロピ風デザインとおしゃれ
なタートルネックがポイント。ス
リムなわんこがジャストサイズで
着こなすのがかっこいい。

How to make ▶ P.58
Model ／ベリー
Design ／ Ricaco Yahata

Ruff ruff

no. 07

ロピ風ショートケープ

お散歩にぴったりの、かぶるタイプのケープ。ロピ風のデザインは、コーディネートのアクセントとしても存在感十分です。

How to make ▶ **P.60**
Design ／ Ricaco Yahata

お揃いで
お出かけしようか♪

no. 08

模様編みポンチョ

ファーの襟元といろいろな模様編みを組み合わせた編み地があたたかな雰囲気。さっと羽織っておでかけしましょう。

How to make ▶ P.62
Model／クルミ
Design／blanco

ファーがアクセントに！

no. 09
模様編みハンドウォーマー

指が自由に使えるから、わんこの
お散歩にぴったり。どんなコーディ
ネートにも合わせやすいシンプル
な配色も魅力。

How to make ▶ P.61
Design／blanco

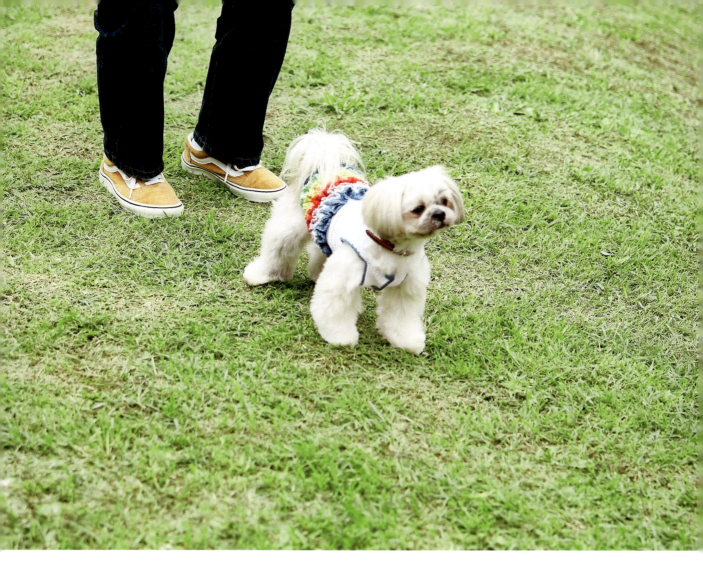

no. 10 ☼

コットン
フリルセーター（A）

フリルシリーズのレインボーバージョン。真夏でもお散歩大好きなわんこの肌を守る涼しいコットン素材のセーターです。

How to make ▶ **P.64**
Model／コハル
Design／Riko リボン

フリルの色は
お好みで

14

no. 11 ☀
フリルアームカバー

方眼編みとゴム編み風の編み地を組み合わせた涼やかなアームカバー。上部に施した控えめなフリルでわんことのお揃いを演出します。

How to make ▶ **P.65**
Design ／ Rikoリボン

no. 12 ☀
コットン
フリルセーター（B・C）

フリルシリーズのエレガントバージョン。わんこのボディカラーと合わせると、おしゃれ感がアップします。
※ P.18-19のセーターは、同じタイプの色違い・Cです。

How to make ▶ **P.66**
Model ／ パル
Design ／ Rikoリボン

パルちゃんのサイズで、トットちゃんも兼用できました。

How to make ▶ P.66
Model／トット
Design／Riko リボン

C

no. 13
しましまセーター

太めの糸で編んだざっくりタイプ。やさしい暖色系のしましま模様と存在感のある襟元が特長のセーターです。

How to make ▶ **P.67**
Model／プー
Design／Inko Kotoriyama

うちのわんこにそっくり！

Woof woof

no. 14
しましまフェイスマフラー

わんこにそっくりなフェイス付きのユニークなマフラー。大人はもちろん、お子さんへのプレゼントにも喜ばれそう。

How to make ▶ P.70
Design／Inko Kotoriyama

no. 15
耳付きキャスケット

わんこそっくりな耳を付けたキャスケット。ふだん使いはもちろん、ハロウィンなどのコスプレアイテムとしてもおすすめ。

How to make ▶ P.72
Design ／ Inko Kotoriyama

no. 16
耳出しキャップ

ピンと立った耳を出せるキャスケット風のキャップ。首元でリボンを結ぶタイプなので着脱も楽々。

How to make ▶ P.74
Model／モモ
Design ／ Inko Kotoriyama

Bow-wow

23

no.17
段染め糸のスヌード

方眼編みと長編みをジグザグに編むことで複雑な模様を実現。最後に輪にするので、お好みの長さで作れます。

How to make ▶ P.75
Design ／ Riko リボン

糸替えの必要なし！

no.18
段染め糸のセーター

ショートピッチの段染め糸で編んだセーター。シンプルな編み地でも華やかに見えるのが魅力です。

How to make ▶ P.69
Model ／レナ
Design ／ Riko リボン

no. 19 ☀
フード付きデニム風セーター

デニム風のコットン糸で編んだクールな印象のセーター。フードとリベット付きのポケットがアクセントに。

How to make ▶ P.76
Model／リオ
Design／Riko リボン

かぶると
こんな感じ

no. 20
ポケット付きデニム風バッグ

往復編みのアレンジでしっかりとした編み地を実現したお散歩バッグ。ほどよいサイズ感と季節を問わず使えるので重宝しそう。

How to make ▶ P.78
Design／Rikoリボン

no. 21 ☼
編み込み模様のターバン

6色の糸でさまざまな模様を組み合わせたインパクト大のターバン。色を変えたり、色数を減らしたり、アレンジも自在。

How to make ▶ **P.80**
Design／Inko Kotoriyama

no. 22

編み込み模様の首輪

あまり伸びないほうがいいものは、かぎ針＆コットン糸がおすすめ。カラフルな編み込み模様で首元を彩ります。

How to make ▶ P.82
Model／ジェン
Design／Inko Kotoriyama

no. 23
チェック柄フード付きポンチョ

飾りフードとチェック柄が優雅な雰囲気を醸し出します。着脱用の首元の革のベルトもおしゃれなアクセントに。

How to make ▶ P.84
Model／ノア
Design／Inko Kotoriyama

かぶると
こんな感じ

no. 24

チェック柄フードウォーマー

フード付きのネックウォーマー。コーディネートのアクセントとして、またコートの下に着込めば防寒対策としても。

How to make ▶ **P.83**
Design ／ Inko Kotoriyama

no.25
フロアクッション

わんこベッドにすっぽり収まるクッション。固綿シートが入っているので、つぶれにくく快適な座り心地です。

How to make ▶ P.86
Design／Miya

すっぽり入る！

no. 26

わんこベッド

コットンのリサイクル糸で編み上げたベッド。ほどよい固さでしっかりとした作りが特長です。

How to make ▶ P.87
Model ／バル
Design ／Miya

no.27
デニム風スリングバッグ

デニム風のコットン糸で編んだわんこのお出かけバッグ。小型犬がすっぽり入るたっぷり収納力としっかりとした編み地が魅力。

How to make ▶ P.88
Model／トット
Design／blanco

トイ・プードル　　　　　柴犬　　　　　フレンチ・ブルドック

no. 28
フェイスがま口

トイ・プードル、柴犬、フレンチ・ブルドックを模したキラキラ糸のがま口。ワンプッシュで開く便利さと、マスコットとしてのかわいらしさが魅力です。

How to make ▶ P.89
Design ／ Inko Kotoriyama

撮影に協力してくれた
わんこたち

Thank you very much!!

※体のサイズは、P.50〜のHow to makeページに記載しています。

パル（トイ・プードル）
♀　7歳

ボー（ビション・フリーゼ）
♂　4歳

ジェン（ビーグル）
♀　5歳

トット（トイ・プードル）
♀　5歳

コハル（ラサ・アプソ）
♀　1歳

ベリー
（ミニチュア・ダックスフンド）
♀　1歳

モモ
（ミニチュア・シュナウザー）
♀　1歳

プー（トイ・プードル）
♀　7歳

クルミ（ヨークシャー・テリア）
♀　1歳

レナ（トイ・プードル）
♀　1歳

サクラ
（アメリカン・コッカー・スパニエル）
♀　1歳

リオ
（イタリアン・グレーハウンド）
♀　1歳

ノア（ロングコートチワワ）
♀　3歳

わんこセーターの編み方

セーターの中でも難易度が高いと思われがちな「編み込みセーター」。P.50のお花模様のセーター（ショート丈）を例に、基本的な棒針の編み方から編み込みのやり方まで、プロセスごとに紹介します。

後ろ身頃を編む

〈指にかける作り目〉 何を編むときにも欠かせない最初のプロセス。

01 後ろ身頃幅の3倍の長さの糸を出し、輪を作り、輪の中から糸を引き出す

02 6号針を使用。引き出した糸に針2本を通し、糸を引き締めると1目めになる。

03 針を右手に持ち、左手の指に糸をかける。親指に糸端を、人差し指に玉とつながる糸をかけ、糸を張りながら残りの指で糸2本をまとめて持つ。

04 親指にかけた糸に、針を手前からすくうようにかける。

05 そのまま針を人差し指の糸の間に入れる。

06 糸をかけたまま、親指の糸の間に針を通す。

07 親指の糸を外し、糸を引き締める。これで2目めが完成。

08 作り目103目ができたところ。**04**〜**07**を繰り返し、必要な目数を作る。必要な目数ができあがったら、作り目から針を1本抜いておく。

〈1目ゴム編み〉

01 表編みを編む。糸は奥に置き、1目めに右の針を手前から入れる。

02 右の針に、糸を下からかける。

03 そのまま01の目の中にくぐらせて糸を引き抜き、左の針を外す。2目めも01〜03を繰り返す。

04 裏編みを編む。糸は手前に置く。

05 3目めに右の針を手前から入れ、右の針に糸をかける。

06 そのまま目の中に糸をくぐらせて引き抜き、左の針を外す。表編みと裏編みを交互に繰り返す。1番端の目は表編みを編む。

〈編み込み模様〉 メリヤス編みで糸を替えながら模様を編み込む。

01 表目を編む。糸を替える手前まで編んだら、編み込む糸（赤い糸）を15cm程度手元に残し、地の糸（グレー糸）とともに編み地の後ろに持つ。

02 赤い糸で表目を編む。右の針を手前から入れ、赤い糸を後ろから針にかける。

03 針を引き出し、赤い糸で表目1目が完成。このとき、赤い糸の糸端は後ろに残る。

04 赤い糸で表編みを3目編んだところ。グレー糸は編み地の後ろに渡す。

05 グレー糸に戻す。糸の位置はそのままに、グレー糸で表編みを編む。

06 1目編んだところ。

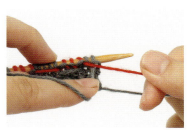

07 2色の糸で編んだ裏の編み地。裏側で糸が横に渡っている。

08 裏目を編む。編み地を裏に返す。赤い糸をグレーの糸の上にのせる。

09 1目めをグレーの糸で、裏編みを編む。

10 裏編みを1目編んだところ。グレーの糸で赤い糸がはさまれている。

11 左手の人差し指に赤い糸(渡す糸)を上、グレー糸を下にかけて持つ。

12 糸を替える手前まで編んだら、赤い糸で裏編みを編む。

13 左手の糸はこのポジションを変えずに、糸を渡しながら、2色の糸で編み図のとおりに編み進める。

14 1段編んだ表の編み地。渡した糸は表には出ない。

〈端で3目立てる減らし目(表目)〉
右側で目を減らすときは、右上2目一度、左側で目を減らすときは左上2目一度をする。

01 表編みを2目編み、右上2目一度をする。3目めに手前から針を入れ、編まずに右針に移す。

02 4目めを表編みする。

03 01で右針に移した目を02で編んだ目にかぶせると、1目減る。

42

04 残り4目まで編んだら、左上2目一度をする。左側から2目まとめて手前から右の針を入れる。

05 表編みの要領で2目まとめて編むと、1目減る。

06 残り2目は表編みをし、編み終わったところ。

〈休み目・目印〉

表側

裏側

後ろ身頃が編み終わったら、別糸に目を通して休め、その後前身頃を編み図のとおりに編む。身頃をとじる際のはじめの目に糸を結んでおくと目印になる。

身頃をつなげる

〈すくいとじ〉前身頃と後ろ身頃をとじ合わせる。

01 とじ針にとじ糸(写真ではわかりやすく白の糸を使用。実際はグレー糸)を通し、裾からとじていく。合わせる編み地を表側に向けて置き、裾を合わせ左側の編み地の端目から1目内側にとじ針を通す。

02 右側の編み地の端目から1目内側の1番目と2番目の間の糸(シンカループ)を2目まとめてすくう。

03 01で通した目のひとつ上にあるシンカループを2目まとめてすくう。

04 02で通した目のひとつ上にあるシンカループを2目まとめてすくう。

05 左右交互に繰り返し、とじていく。

06 とじ糸をしっかりと引くととじ糸は見えず、端目がきれいに揃う。糸を引く際、糸がつれたり、切れないよう注意。

〈目を拾い襟ぐりを編む〉 身頃の目を拾って輪にし、襟ぐりを編む。

01 5号針を使用。別糸に通して休めていた身頃の目を拾って、編み針に移す。

02 編み針に目を拾ったら、別糸を引き抜く。前身頃の目を拾ったところ。

03 編み針4本使って前身頃と後ろ身頃すべての目を拾い、輪にして、襟ぐりを2目ゴム編みで10段編む。

〈2目ゴム編み止め〉

襟ぐりの編み終わり。2目ごとに表目同士、裏目同士を拾い、1目に2回ずつ糸を通してとじていく。

01 2目ゴム編みを編み終わった後、長く切った糸(写真ではわかりやすく緑の糸を使用。実際はグレーの糸)をとじ針に入れ、1目めに通す。この目を棒針から外してとじ針に移し、糸を引く。

02 ひとつ前の目(編み終わりの裏目)に戻り、前から後ろにとじ針を通す。

03 編み終わりの目の裏からとじ針を抜いて糸を通す。

04 ①②の表目2目にとじ針を通す。

05 ひとつ前の目(編み終わりの裏目)に戻り、裏からとじ針を通す。

06 ③の裏目にとじ針を通す。

07 ②と⑤の表目2目に手前からとじ針を入れ、糸を通す。

08 07で飛ばした隣り合わせの③④の裏目2目に針を入れ、糸を通す。

09 針を抜く。同様に表目同士、裏目同士をとじ針を通して、これを繰り返す。

袖を編む

〈段から目を拾う〉 袖に新たな目を作り、輪編みをする。

前後の身頃をとじて、口が輪になっている状態。ここの段から目を拾って新たな目を作る。

01 6号針を使用。端目から1目内側の目に編み針を入れる。

02 編み糸(写真ではわかりやすく緑の糸を使用。実際はグレーの糸)をかけて引き出し、目を作る。

03 これを1周繰り返して目を作り、続けて、袖を輪編みの1目ゴム編みで4段編む。

〈1目ゴム編み止め・糸の処理〉
袖の編み終わり。1目おきに表目同士、裏目同士を拾い、1目に2回ずつ糸を通してとじていく。

01 袖を編み終えたら、1目ゴム編み止めで編み終える。編み終わりの糸端を2.5～3倍残して切り、とじ針に糸を通す(写真ではわかりやすく緑の糸を使用。実際はグレーの糸)。

02 ①に糸を通し、②の目にとじ針を手前から後ろに入れて糸を通す。

03 ①と③の表目に手前からとじ針を通す。

04 ②と④の裏目に向こうからとじ針を通す。

05 同様に表目同士、裏目同士にとじ針を通して、これを繰り返す。

糸端を処理する。とじ針に1目ゴム止めした糸端を通し、とじた身頃の縫い代の糸の撚りの中をくぐるように3cm程度通す。余った糸を切ったら完成。

わんこ服を編む前に

この本では小型〜中型犬をモデルに、それぞれの犬のサイズに合わせた洋服を掲載しています。犬は同じ犬種であってもサイズに個体差があるため、かぎ針、棒針それぞれの作り方を参考にして編み図を作ってみましょう。
基本的に計算した数字の編み図を元に作りますが、実際に犬に編み地を合わせ、サイズを確認、調整しながら編むことをおすすめします。

【わんこ服の作り方：かぎ針編】
Process・base design：Rikoリボン

STEP 1 わんこのサイズ(a〜e)を測ります。

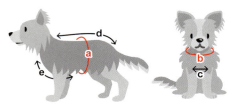

モデルわんこのサイズ（パルちゃん）		
胴回り	31cm	a
首回り	24cm	b
前身頃幅	7cm	c
首〜しっぽの付け根	23cm	d
首〜脇	11cm	e

アレンジ作品：
コットンフリルセーター（P.16）

[採寸時の注意]
●胴回りは、一番太い位置で計測してください。
●胴回りと首回りは、苦しくない程度に余裕を持たせて計測してください。

STEP 2 編み地のゲージをとります。

ゲージ＝10cm四方			
長編み	段	14	㋐
	目	26	㋑
細編み	段	32	㋒
	目	26	

※15cm四方を編んで中央部分の10cm四方でゲージを取りましょう。

STEP 3 計算式に数字をあてはめ計算します。

ベース編み図参照		計算式	実際にモデルわんこで計算してみましょう	
A'	前身頃	①(c÷2)+1=㋓	4.5	
		②㋓÷10×㋒	14.4→	15段
B'	後ろ身頃	(a−c)÷10×㋑	62.4→	63目
C'		B'÷2.8	22.5→	23目
D'		d÷3÷10×㋐	10.73333333→	11段
E'		d÷10×㋐	32.2→	33段
F'		e÷10×㋐	15.4→	16段
G'		F'−7	9→	9段
H'		E'−F'−D'	6→	6段
I'		(b−c)÷10×㋑	44.2→	45目

計算式A'からI'の順に**STEP1**のa〜e、**STEP2**の㋐〜㋒の数字をあてはめて計算してください。
A'とD'〜H'は段数、B'C'I'は目数の計算になります。A'の①以外は、小数点以下をすべて切り上げます。

STEP 4 編み図を作ります。

※P.66と合わせてごらんください。
※ベース編み図の赤の長編み部分は、すべて変更せずに編み図を作ります。

【ベース編み図】

I'の目数になるように、縁編み1段目でバランスよく減らし目する（モデルサイズの場合、減らし目2目）。

くさり編みは、【(F'-2)×2目】で割り出す。

糸の太さによって、1段につき細編み2目ずつでもOK。

編みはじめ（作り目くさり編み23目）

赤の長編みの増し目どおり、1～4段目まで編み終えたら5段目～D'が終わる段数までの間に、B'の目数になるようにバランスよく増し目する。
※モデルサイズの場合、残り7段で22目増やすため編み図のように増し目しています。

⇨ 糸を付ける（チェーンつなぎ）
▶ 糸を切る
← 矢印の先に編み入れる
⇠ 矢印の先の目を続けて編む
● スナップボタン取り付け位置

〈基本の編み方〉
①後ろ身頃を編む。
②後ろ身頃の両端から、それぞれ前身頃を編む。
③本体の縁編みと袖の縁編みをする。
④スナップボタンは、前身頃の長さに合わせた数をバランスよく取り付ける。
アレンジ作品を参考に、フリルを付けたり、フードを付けたり、色々なデザインも作成してみて下さい。
※前身頃がおしっこの位置より長くなる場合は、おしっこのかからない位置まで短くしてください。

【わんこ服の作り方：棒針編】
Process・base design：Ricaco Yahata

アレンジ作品：わんこ模様のセーター（P.8）

STEP 1 わんこのサイズ（a～f）を測ります。

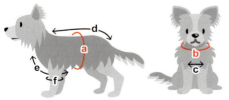

モデルわんこのサイズ（サクラちゃん）		
胴回り	43cm	a
首回り	24cm	b
前身頃幅	10cm	c
首～しっぽの付け根	33cm	d
首～脇	20cm	e
前足の付け根回り	13cm	f

STEP 2 編み地のゲージをとります。

ゲージ＝10cm四方		
段	31	㋐
目	31	㋑

[採寸時の注意]
●わんこのサイズは小数点以下を切り上げてください。
●胴回りは、いちばん太い位置で計測してください。
●胴回りと首回りは、苦しくない程度に余裕を持たせて計測してください。

STEP 3 計算式に数字をあてはめ計算します。

計算式1に**STEP1**のa〜f、**SPEP2**の㋐、㋑の数字をあてはめて計算してください。A'〜D'は目数、F'〜J'は段数の計算です。目数、段数の計算では小数点以下を四捨五入します。目数は奇数、段数は偶数にするため、四捨五入後に異なる場合は±1をして調整しましょう。

		ベース製図参照	計算式1	実際にモデルわんこで計算してみましょう	
幅（目数）	A'	前身頃幅	c÷10×㋑	31	→ 31目
	B'	後ろ身頃幅	(a−c)÷10×㋑	102.3	→ 103目
	C'	前襟ぐり	①c÷a＝★1	0.2325	→ 0.2（小数点第二以下を四捨五入）
			②b×★1＝★2	4.8	→ 5（四捨五入）
			③★2÷10×㋑	15.5	→ 15目
	D'	後ろ襟ぐり	(b−★2)÷10×㋑	58.9	→ 59目
長さ（段数）	E'	セーター丈	d ※1	33	→ 33
	F'	脇はぎ線	①(E'−e)÷2＝★3 ※2	6.5	→ 7（四捨五入）
			②{★3−1（袖ゆとり分）}＝★4	6	→ 6
			③★4÷10×㋐	18.6	→ 20段
	G'	袖口	①f÷2+2（袖口ゆとり分）＝★5	8.5	→ 8.5
			②★5÷10×㋐	26.35	→ 26段
	H'	袖口〜襟口	①(e+★3)−(★4+★5)＝★6	12.5	→ 12.5
			②★6÷10×㋐	38.75	→ 40段
	I'	ゴム編み丈	①E'×0.1＝★7	3.3	→ 4（小数点以下切り上げ）
			②★7÷10×㋐	12.4	→ 12段 ※3
	J'	ゴム編み〜脇はぎ線	{E'−(★4+★5+★6+★7)}÷10×㋐	6.2	→ 6段

お花模様のセーター（ショート丈）の場合、以下のように変更します。
※1　E'：セーター丈をお好みの寸法にします。
※2　E'-F'＝★3
J'の計算は行いません。

お花模様のセーター（ショート丈）とロピ風セーターは、以下のように変更します。
※3　I'＝4段
★7の計算は以下の計算式にします。
4÷㋐×10＝★7

STEP 4 製図を作ります。

※ P56と合わせてごらんください。
※ 計算式1のE'以外のA'〜J'をあてはめましょう。
※ ❶〜❸は、計算式2(P.49)で計算します。

【ベース製図】

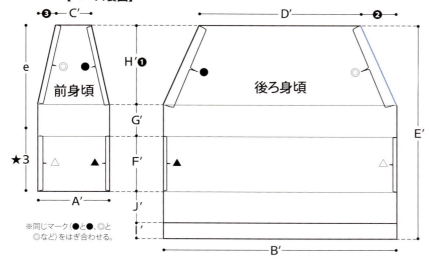

〈基本の編み方〉
①後ろ身頃を編む。
②前身頃を編む。
③後ろ身頃と前身頃をとじる。
④襟、袖口を編む。

POINT 1　模様編みを調整する

- 幅(目数)は、模様の中心を変えずに左右均等に増減します。
- 長さ(段数)は、無地のメリヤス部分を増減して調整します。
- 模様が裾に入っている場合…模様は裾から一定(例：わんこ模様のセーター(P.56))。
- 模様が襟に入っている場合…模様は襟口から一定(例：ロピ風セーター(P.58))。
- 模様が全体に入っている場合…スタート位置(裾)は変更せず、1模様を繰り返すことで増減する(例：お花模様のセーター(ロング丈)(P.52))。
- 襟が2目ゴム編みの場合、後ろ身頃と前身頃の襟ぐりの目の数を前後合わせて4で割り切れなければ、2目ゴム編みの1段めの前後身頃の境目で2目一度を行い、一周で2目減らします。2段目以降は増減せずに編みます。
- 前身頃裾の1目ゴム編み4段、襟の長さ・袖の長さは全作品一定です。

POINT 2　減らし目数を調整する

セーターの場合、胴回りと首回りの大きさが異なるため、首〜前足の間で目を減らして幅を調整しましょう。計算式2を計算し、減らし目をする段数と目数を調整します。

- 後ろ身頃と前身頃で減らす目の数は異なります。
- 袖口〜襟口までがきれいに繋がるように、いくつかの段で均等に減らしていきます。段数は、後ろ身頃、前身頃ともに同様です。
- 全サイズとも、図2の1段目で目を減らします。最終段では増減しません。

	計算式2		
❶	袖口〜襟口	H'②	40段
❷	後ろ減らし目	(B'−D')÷2	22目
❸	前減らし目	(A'−C'③)÷2	8目

【減らし目の書き方】

「わんこ模様のセーター(P.56)」の右側の後ろ身頃を見本にします。左側は対称に作成しましょう。

図2　※STEP4製図の青い部分にあたります。

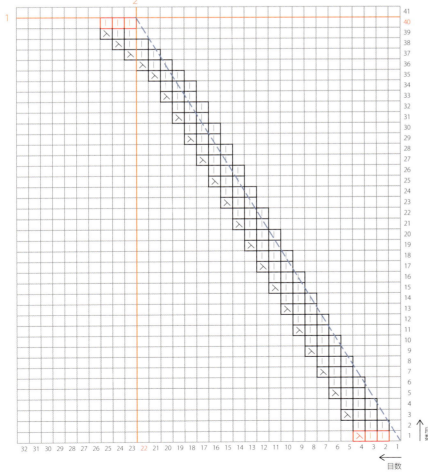

1. スタートは右下。計算式2の❶の段数40段を書き込みます。図の縦の40の上に横ライン(オレンジ)を引きます。
2. 計算式2の❷の目数22目を書き込みます。図の横の22の左側に縦ライン(オレンジ)を引きます。
3. 右下の角と1と2で引いたラインの交点を結びます。青い点線で示しています。
4. 赤い枠を書き込みます。1段めは目数2の位置、最終段はオレンジのラインの交点の位置です。これはすべてのサイズで共通です。次に、青い点線に沿うように近くの四角い枠をなぞります。
5. 編み図の記号を書いていきます。なぞった四角い枠が、下の枠から左にずれた減らす段では、端2目を表編みにします。

後ろ身頃の右側では右上2目一度、左側では左上2目一度で減らしていきます。以下の記号を書き込みましょう。

no. 01 お花模様のセーター(ショート丈) ▶ P.5、40

[糸] リッチモア パーセント グレー(122)75g、赤(74)10g
[針] 棒針6号、棒針5号、とじ針
[ゲージ] 模様編み31目31段=10cm四方
[仕上がりサイズ] 胴回り41cm、長さ31cm

[作り方]
①後ろ身頃を編む。6号針で作り目103目を編み、1目ゴム編みで裾を編む。後ろ身頃本体は糸を替えながらメリヤス編みの編み込み模様で編む。減らし目は、端を3目立てる減目で減らし、最終段に残った77目に糸を通して目を休ませる。
②前身頃を編む。6号針で作り目25目を編み、1目ゴム編みで裾を編む。前身頃本体はメリヤス編みで編む。減らし目は、端を3目立てる減目で減らし、最終段に残った19目に糸を通して目を休ませる。
③後ろ身頃と前身頃の脇(▲、△)と胸(●、◎)をすくいとじでとじる。
④襟を編む。①と②で糸を通して休ませていた目を、5号針に後ろ身頃から77目、前身頃から19目移す。輪にし、2目ゴム編みを編む。編み終わりは2目ゴム編み止めをする。
⑤袖は、片袖ずつ編む。6号針で袖口の前後身頃それぞれから24目ずつ段から目を拾う。輪にし、メリヤス編みを編む。袖口は、5号針に替え1目ゴム編みを編む。編み終わりは1目ゴム編み止めをする。反対側の袖も同様に編む。

― モデル犬 ―
ボー(ビション・フリーゼ)
a胴回り41cm、b首回り31cm、
c前身頃幅8cm、d首〜しっぽの付け根35cm、
e首〜脇18cm、f前足回り12cm

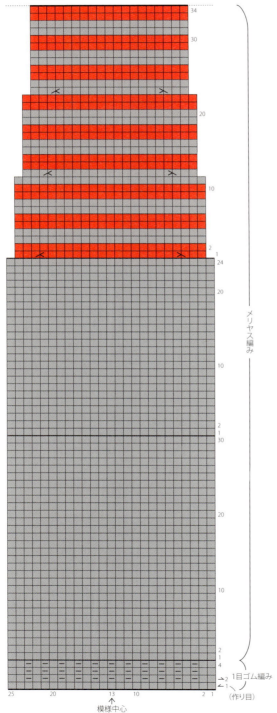

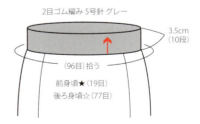

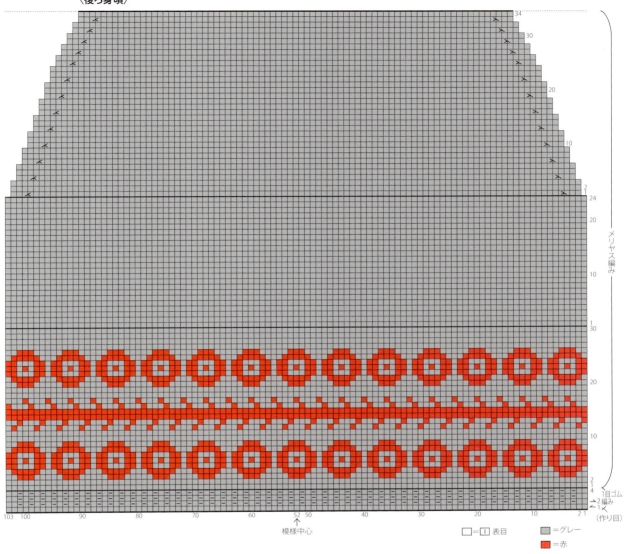
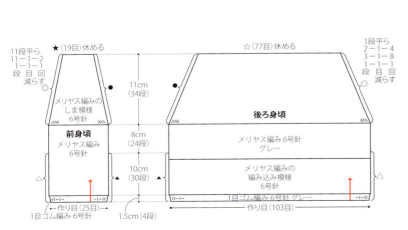
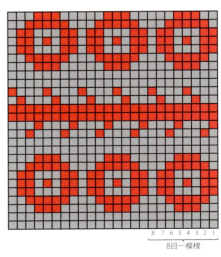

no. 03 お花模様のセーター（ロング丈） ▶ P.6

[糸] リッチモア パーセント 深緑(31) 30g、オフホワイト(2) 5g、グレー(122) 7g、赤(74) 5g、ピンク(72) 6g
[針] 棒針6号、棒針5号、とじ針
[ゲージ] 模様編み31目31段＝10cm四方
[仕上がりサイズ] 胴回り33cm、長さ29cm

[作り方]
①後ろ身頃を編む。6号針で作り目85目を編み、1目ゴム編みで裾を編む。後ろ身頃本体は糸を替えながらメリヤス編みの編み込み模様で編む。減らし目は、端を3目立てる減目で減らし、最終段に残った65目に糸を通して目を休ませる。
②前身頃を編む。6号針で作り目19目を編み、1目ゴム編みで裾を編む。前身頃本体はメリヤス編みで編む。減らし目は、端を3目立てる減目で減らし、最終段に残った15目に糸を通して目を休ませる。
③後ろ身頃と前身頃の脇（▲、△）と胸（●、◎）をすくいとじでとじる。
④襟を編む。①と②で糸を通して休ませていた目を、5号針に後ろ身頃から65目、前身頃から15目移す。輪にし、2目ゴム編みを編む。編み終わりは2目ゴム編み止めをする。
⑤袖は、片袖ずつ編む。5号針で袖口の前後身頃それぞれから26目ずつ段から目を拾う。輪にし、5号針で1目ゴム編みを編む。編み終わりは1目ゴム編み止めをする。反対側の袖も同様に編む。

― モデル犬 ―
プー（トイ・プードル）
a胴回り33cm、b首回り26cm、
c前身頃幅6cm、d首〜しっぽの付け根26cm、
e首〜脇13.5cm、f前足回り13cm

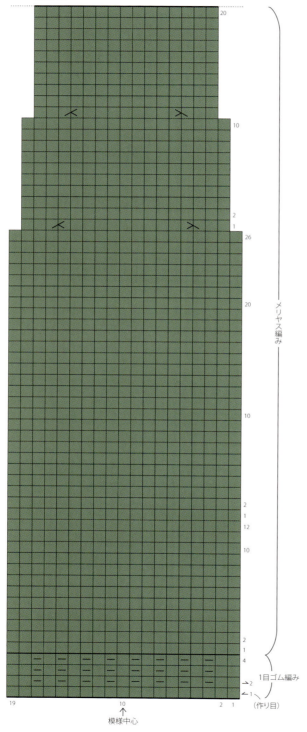

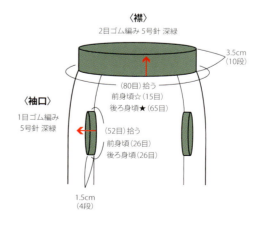

〈後ろ身頃〉

模様中心

□=□ 表目　　　=深緑　　　=グレー
□=オフホワイト　　　=赤
=ピンク

メリヤス編み
1目ゴム編み
（作り目）

★（15目）休める
9段平ら
10−1−1
1−1−1
段目回
減らす

6.5cm
（20段）

☆（77目）休める
1段平ら
1−1−2
2−1−5
3−1−2
1−1−1
段目回
減らす

前身頃
メリヤス編み
6号針
深緑

後ろ身頃
メリヤス編みの
編み込み模様
6号針

8.5cm
（26段）

3.5cm
（12段）

5cm
（16段）

作り目（19目）
1目ゴム編み 6号針

3cm（8段）
1.5cm
（4段）3cm（10段）

1目ゴム編み 6号針 深緑

作り目（85目）

34段
一模様

8目一模様

no. 02 お花模様のニット帽 ▶ P.5

[糸] リッチモア パーセント 深緑(31)50g、オフホワイト(2)25g
[針] 棒針6号、棒針5号、とじ針、ポンポンメーカー(直径65mmサイズ)
[ゲージ] 模様編み31目31段＝10cm四方
[仕上りサイズ] 下図参照

[作り方]
①本体を編む。5号針で作り目156目を編み、輪にし、2目ゴム編みを編む。6号針に替え168目に増やし、糸を替えながらメリヤス編みの編み込み模様を編む。
②トップを編む。減らし目をしながらメリヤス編みで編み、最終段に残った16目に糸をとじ針で二重に通して絞る。
③ポンポンを作る。オフホワイトの糸をポンポンメーカーのアームに250回ずつ巻き、同じ糸で真ん中をしぼり、アームからはずす。はさみで丸くカットし、しぼった糸の残りをとじ針でトップに通し、裏でくくりつける。

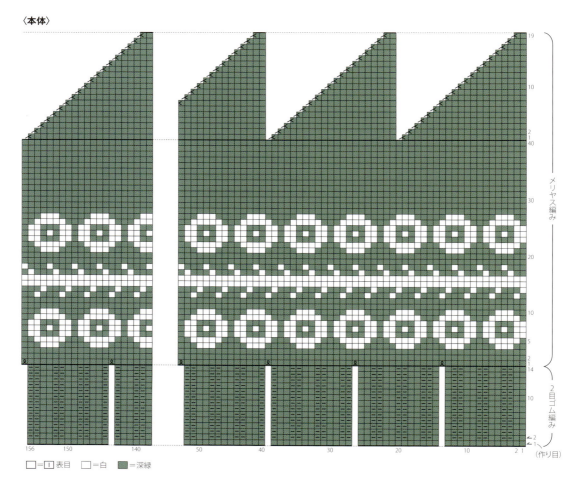

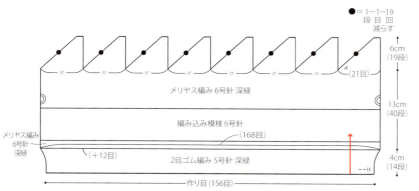

no. 05 わんこ模様のミトン ▶ P.9

[糸] リッチモア パーセント ベージュ(124)35g、黒(90)26g
[針] 棒針6号、棒針5号、とじ針
[その他] 別糸少々
[ゲージ] 模様編み31目31段=10cm四方
[仕上りサイズ] 手の平回り20cm、長さ22.5cm

[作り方]
① 右手を編む。5号針で作り目48目を編み、輪にする。糸を替えながら1目ゴム編みを編む。
② 本体を編む。6号針に替え60目に増やし、糸を替えながらメリヤス編みの編み込み模様で編む。親指穴位置は別糸で編んでから目を戻し、続けてメリヤス編みの編み込み模様を編む。
③ トップを編む。減らし目をしながらメリヤス編みで編み、最終段に残った8目に糸をとじ針で二重に通して絞る。
④ 6号針で親指を編む。②の別糸を抜いて親指穴位置の上下の目から9目ずつと左右で1目ずつ拾い、輪にする。メリヤス編みで編み、指先は減らし目をする。最終段に残った8目に糸をとじ針で二重に通して絞る。
⑤ 左手は、甲側の模様を反転させて同様に編む。

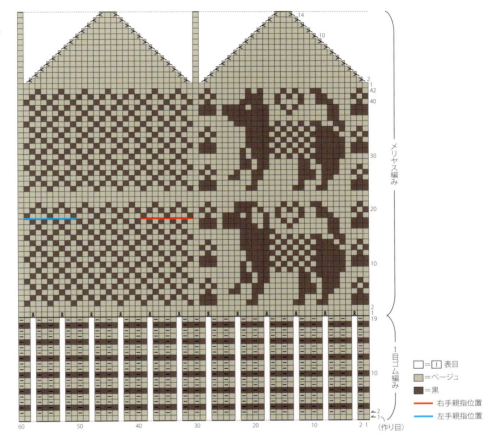

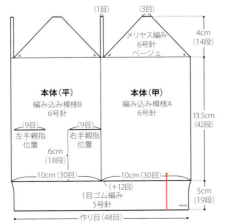

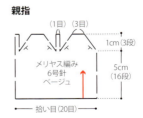

55

no. 04 わんこ模様のセーター ▶ P.8

[糸] リッチモア パーセント ベージュ(124)60g、黒(90)10g
[針] 棒針6号、棒針5号、とじ針
[ゲージ] 模様編み31目31段=10cm四方
[仕上りサイズ] 胴回り43cm、長さ36cm

[編み方]
① 後ろ身頃を編む。6号針で作り目103目を編み、1目ゴム編みで裾を編む。後ろ身頃本体は糸を替えながらメリヤス編みの編み込み模様で編む。減らし目は、端を3目立てる減目で減らし、最終段に残った59目に糸を通して目を休ませる。
② 前身頃を編む。6号針で作り目31目を編み、1目ゴム編みで裾を編む。前身頃本体は糸を替えながらメリヤス編みの編み込み模様で編む。減らし目は、端を3目立てる減目で減らし、最終段に残った15目に糸を通して目を休ませる。
③ 後ろ身頃と前身頃の脇(▲、△)と胸(●、◎)をすくいとじでとじる。
④ 襟を編む。①と②で糸を通して休ませていた目を5号針に後ろ身頃から59目、前身頃から15目移す。輪にし、糸を替えながら1目ゴム編みを編む。編み終わりは1目ゴム編み止めをする。
⑤ 袖口は、片袖ずつ編む。5号針で袖口の前後身頃それぞれから26目ずつ段から目を拾う。輪にし、1目ゴム編みを編む。編み終わりは、1目ゴム編み止めをする。反対側の袖口も同様に編む。

モデル犬
サクラ(アメリカン・コッカー・スパニエル)
a 胴回り43cm、b 首回り24cm、c 前身頃幅10cm、
d 首～しっぽの付け根33cm、e 首～脇20cm、
f 前足回り13cm

編み込み模様B

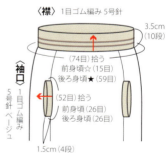

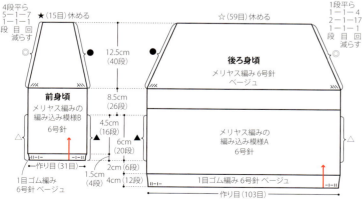

襟配色

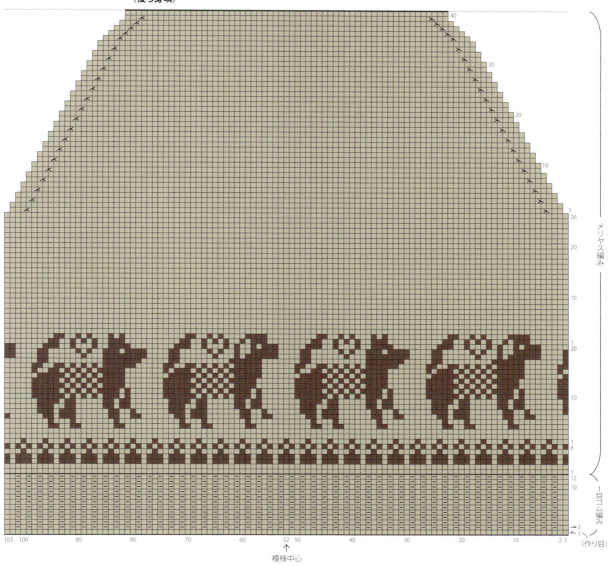

〈後ろ身頃〉

編み込み模様A

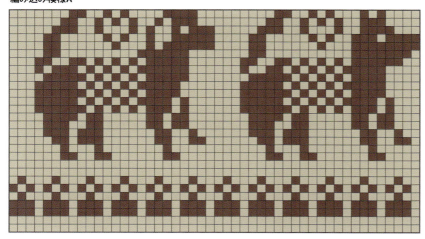

48目1模様

no. 06 ロピ風セーター ▶P.10

[糸] パピー ブリティッシュエロイカ ダークグレー(159) 35g、ライトグレー(120) 35g、イエロー(203) 10g
[針] 棒針10号、棒針8号、とじ針
[ゲージ] 模様編み 21目22段＝10cm四方
[仕上がりサイズ] 胴回り30cm、長さ43cm(襟を伸ばした状態)

[作り方]
① 後ろ身頃を編む。10号針で作り目47目を編み、1目ゴム編みで裾を編む。後ろ身頃本体は糸を替えながらメリヤス編みの編み込み模様で編む。減らし目は、端を3目立てる減目で減らし、最終段に残った37目に糸を通して目を休ませる。
② 前身頃を編む。10号針で作り目17目し、1目ゴム編みで裾を編む。前身頃本体はメリヤス編みの編み込み模様で編む。減らし目は、端を3目立てる減目で減らし、最終段に残った15目に糸を通して目を休ませる。
③ 後ろ身頃と前身頃の脇(▲、△)と胸(●、◎)をすくいとじでとじる。
④ 襟を編む。①と②で糸を通して休ませていた目を、8号針に後ろ身頃から37目、前身頃から15目移す。輪にし、2目ゴム編みを編む。11段目からは10号針に戻す。編み終わりは2目ゴム編み止めをする。
⑤ 袖口は、片袖ずつ編む。8号針で袖口の前後身頃それぞれから14目ずつ段から目を拾う。輪にし、1目ゴム編みを編む。編み終わりは1目ゴム編み止めをする。反対側の袖口も同様に行う。

--- モデル犬 ---
ベリー(ミニチュア・ダックスフント)
a胴回り30cm、b首回り24cm、c前身頃幅8cm、
d首～しっぽの付け根36cm、e首～脇13cm、
f前足回り8cm

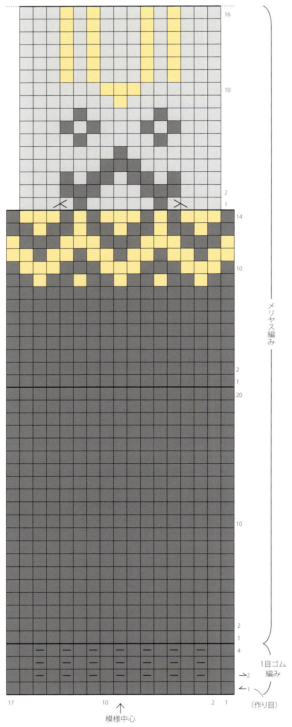

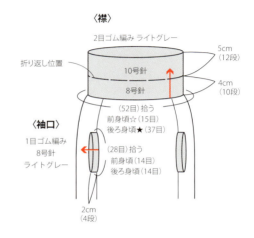

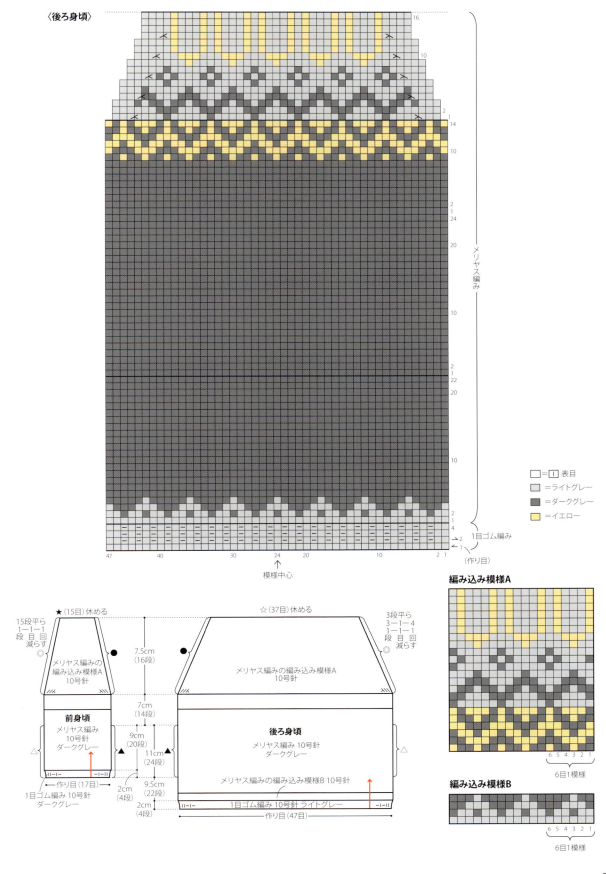

no.07 ロピ風ショートケープ ▶ P.11

[糸] パピー ブリティッシュエロイカ ダークグレー(159) 110g、ライトグレー(120) 95g、イエロー(203) 15g
[針] 棒針10号、棒針8号、とじ針
[ゲージ] 模様編み21目22段=10cm四方
[仕上りサイズ] 首回り53cm、長さ37cm（衿を伸ばした状態）、裾周り122cm

[編み方]
①本体を編む。10号針で作り目252目を編み、輪にする。1目ゴム編みで裾を編む。続けて、糸を替えながらメリヤス編みの編み込み模様と、メリヤス編みを分散減目で減らし目をしながら編む。
②衿を編む。8号針に替え、本体から続けて2目ゴム編みを編む。17段目からは10号針に戻す。編み終わりは伏せ止めをする。

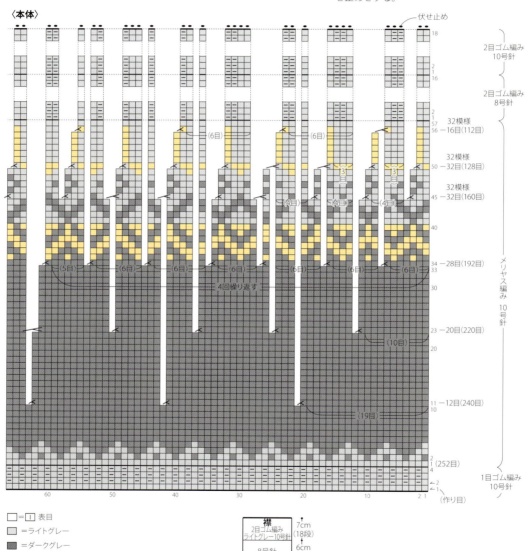

□=□ 表目
□=ライトグレー
■=ダークグレー
■=イエロー

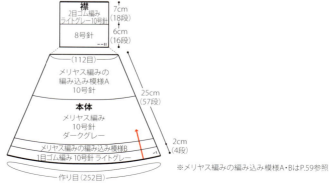

※メリヤス編みの編み込み模様A・BはP.59参照

no. 09 模様編みハンドウォーマー ▶P.13

[糸] DARUMA フォークランドウール ライトグレー
(4)40g、LOOP きなり (1)20g
[針] 棒針9号、棒針11号、なわ編み針、とじ針
[その他] 別糸少々
[ゲージ] 模様編みA 26目=10cm 30段=11cm

[作り方]
①本体を編む。9号針で作り目28目を編み、輪にし、1目ゴム編みで16段編む。

②11号針に替え、1段目で増し目をし、模様編みAとメリヤス編みで30段編む。途中、メリヤス編み18段目の親指位置は別糸を編み入れておく。
③9号針に戻し、1段目で減らし目をし、1目ゴム編みで4段編む。編み終わりは伏せ止めをする。
④親指を編む。親指位置の別糸をほどき、全体で12目拾って、1目ゴム編みで12段編む。編み終わりは伏せ止めをする。
⑤親指位置に気をつけながらもう片方を編む。

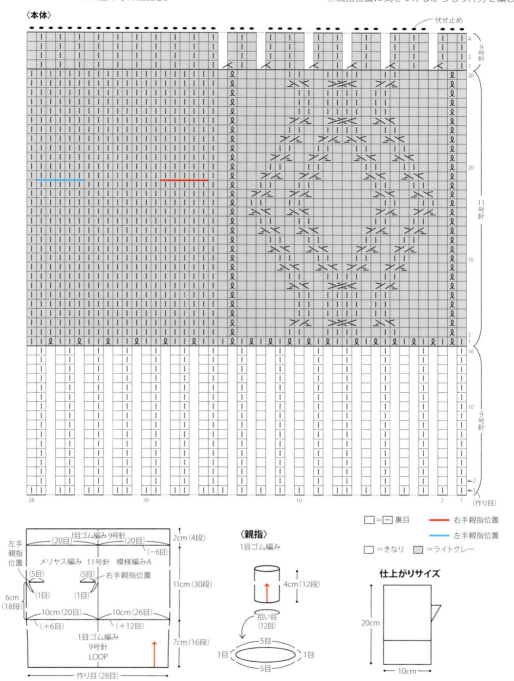

no. 08 模様編みポンチョ ▶P.12

[糸] DARUMA フォークランドウール ライトグレー
　　(4)40g、LOOP きなり(1)18g
[針] 棒針9号、棒針11号、とじ針、なわ編み針、
　　かぎ針6/0号
[その他] ボタン(直径2cm)1個、平ソフトゴム(白)10cm
　　×2本、縫い針、縫い糸少々
[ゲージ] 模様編みA 20目=9cm 22段=8.5cm、
　　模様編みB 18目=8.5cm 8段=3cm、
　　模様編みC 4目=2cm 27段=10cm
[仕上がりサイズ] 下図参照

[作り方]
①本体を編む。11号針で作り目64目を編み、減らし目しな
　がら模様編みで54段編む。
②襟を編む。9号針に替え、1段目で減らし目をし、1目
　ゴム編みで20段編む。編み終わりは伏せ止めをする。
③襟を手前に半分に折り、襟の仕上げ方のように襟の
　1段目にすくいとじる。
④指定の場所にボタンを縫い付ける。反対側にボタン
　ループをかぎ針でくさり編み12目で編み付ける。
⑤指定の位置に平ゴムを縫い付ける。

モデル犬
クルミ(ヨークシャテリア)
a胴回り23cm、b首回り14cm、c前身頃幅4cm、
d首～しっぽの付け根26cm、e首～脇10cm

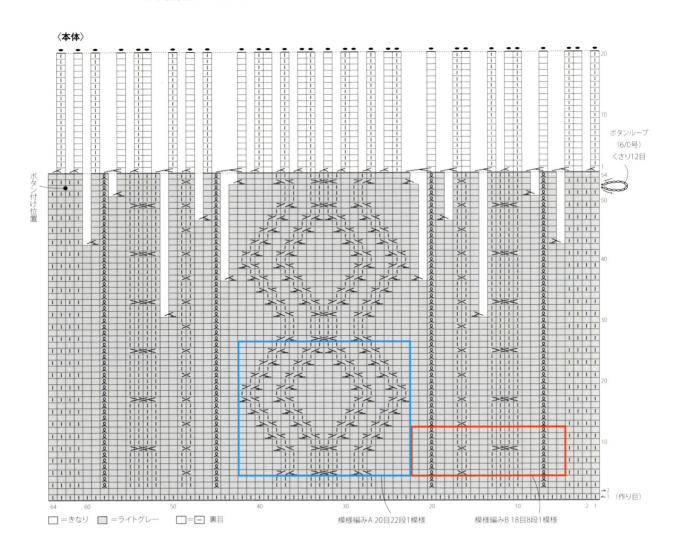

仕上がりサイズ（S）

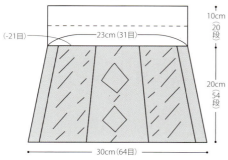

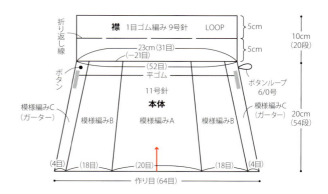

●Mサイズの作り方

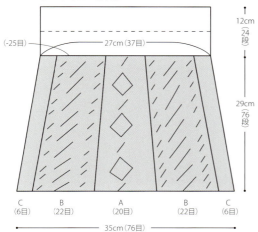

縦は、模様編みAを3ブロックに、
模様編みBを9ブロックに、模様編みCを76段に増やす。
横は、模様編みAはそのまま20目、模様編みBは22目に増やし、
模様編みCを6目に増やす。襟に向かって、本体を14目減らす。
襟は全体から減らし目をしながら37目拾い、1目ゴム編みで24段編む。
※糸量はSサイズの約2倍必要。

●Lサイズの作り方

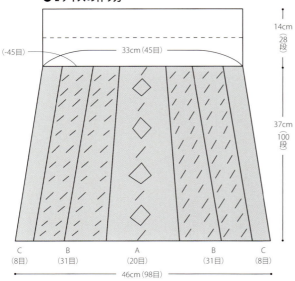

縦は、模様編みAを4ブロック+2段に、
模様編みBを12ブロックに、模様編みCを100段に増やす。
横は、模様編みAはそのまま20目、模様編みBは31目に増やし、
模様編みCを8目に増やす。
襟に向かって、本体を18目減らす。
襟は全体から減らし目をしながら45目拾い、
1目ゴム編みで28段編む。
※糸量はSサイズの約3倍必要。

●襟の仕上げ方

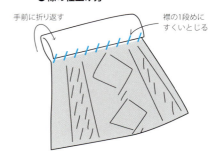

no.10 コットンフリルセーター(A) ▶P.14

[糸] スキー スーピマコットン 白(5001)60g、
青(5017)20g、水色(5008)15g、ピンク(5007)15g、
赤(5012)15g、橙(5011)10g、黄(5010)10g、
緑(5009)10g

[針] かぎ針4/0号、とじ針

[その他] プラスチックスナップボタン(水色・14mm)
4組

[ゲージ] 長編み26目14段=10cm四方、細編み26目32段=10cm四方

[仕上がりサイズ] 下図参照

[作り方]
①後ろ身頃を編む。くさり編み22目で作り目をし、白糸で後ろ身頃を編む。
②前身頃を編む。後ろ身頃の両サイドに白糸で前身頃を編む。
③青糸で縁を編む。
④青糸で袖の縁を編む。
⑤フリルを編む。〈フリル〉のとおりに、青、水色、ピンク、赤、橙、黄、緑の7色の糸を使ってフリルを編み付ける。
⑥指定の位置にスナップボタンを付ける。

― モデル犬 ―
コハル(ラプ・アプソ)
a胴回り30cm、b首回り22cm、c前身頃幅7cm、
d首~しっぽの付け根30cm、e首~脇12cm

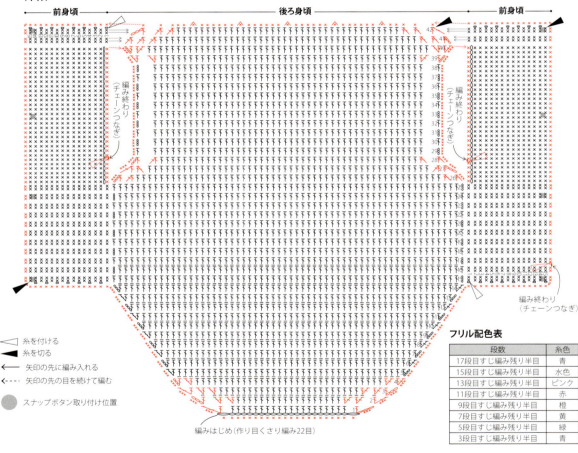

フリル配色表

段数	糸色
17段目すじ編み残り半目	青
15段目すじ編み残り半目	水色
13段目すじ編み残り半目	ピンク
11段目すじ編み残り半目	赤
9段目すじ編み残り半目	橙
7段目すじ編み残り半目	黄
5段目すじ編み残り半目	緑
3段目すじ編み残り半目	青

仕上がりサイズ
首回り22cm、袖回り22cm、胴回り30cm、着丈30cm

no. 11 フリルアームカバー ▶ P.16

[糸] スキー スーピマコットン ベージュ (5004) 75g
[針] かぎ針5/0号、とじ針
[ゲージ] 長編み方眼編み28目12段＝10cm四方
[仕上がりサイズ] 下図参照

[作り方]
① 本体を編む。くさり編み75目で作り目をし、本体編み図のとおりに編む。すじ編みは、表を見て編むときも裏を見て編むときも、奥の半目を拾い編む。
② 本体の1段目と23段目を中表に合わせて、編み図の巻きかがり位置の目を全目巻きかがりで、それぞれはぎ合わせる。はぎ終えたら表に返す。
③ フリルを編む。本体編み記号赤の部分に、〈フリル〉のとおりフリルを2段編み付ける。
④ 指穴の縁編みを編む。〈指穴縁編み〉のとおり編む。
⑤ 同じものをもう1つ編む。

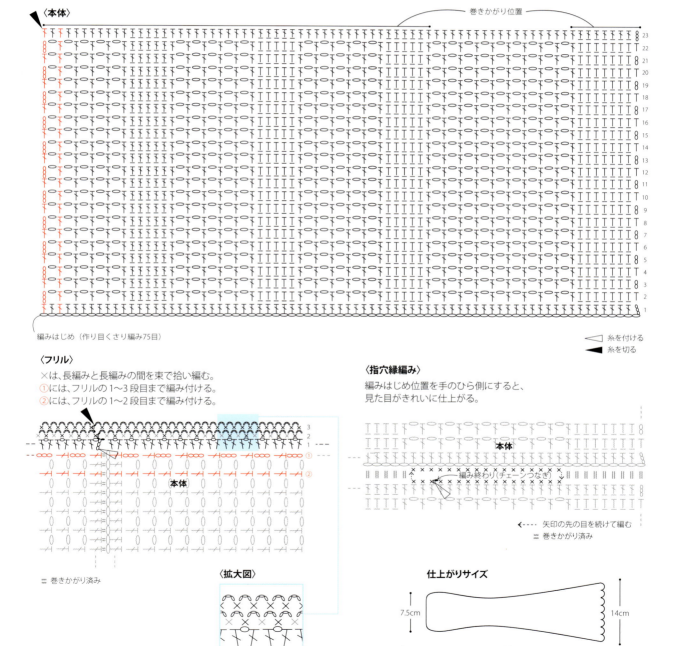

no. 12 コットンフリルセーター（B・C） ▶ P.16、18

[糸] B:スキー スーピマコットン ベージュ (5004)80g、白(5001)25g
C:スキー スーピマコットン グレー(5015)70g、白(5001)15g、ピンク(5007)30g

[針] かぎ針4/0号、とじ針

[その他] プラスチックスナップボタン(B:14mm・ベージュ、C:14mm・ピンク)各3組

[ゲージ] 長編み26目14段＝10cm四方、細編み26目32段＝10cm四方

[仕上がりサイズ] 下図参照

[作り方]
① 後ろ身頃を編む。くさり編み23目で作り目をして、後ろ身頃を編む。
② 前身頃を編む。後ろ身頃の両サイドに、前身頃を編む。
③ 縁編みを編む。Bはベージュで、Cはピンクで編む。
④ 袖の縁編みを編む。Bはベージュで、Cはピンクで編む。
⑤ フリルを編む。〈フリル〉のとおりにフリルを編み付ける。
⑥ 指定の位置にスナップボタンを取り付ける。

- モデル犬 -
パル(トイ・プードル)
a胴回り31cm、b首回り24cm、c前身頃幅7cm、
d首〜しっぽの付け根23cm、e首〜脇11cm

トット(トイ・プードル)/double use
a胴回り33cm、b首回り23cm、c前身頃幅6cm、
d首〜しっぽの付け根24cm、e首〜脇11cm

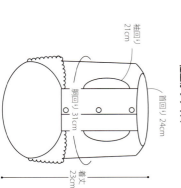

〈フリル〉 赤のすじ編み残り半目と赤の長編みの足に、矢印のように連続で編み付ける。

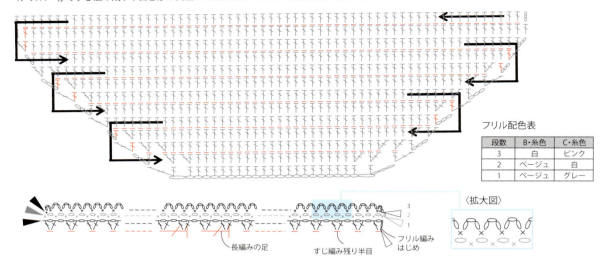

フリル配色表

段数	B・糸色	C・糸色
3	白	ピンク
2	ベージュ	白
1	ベージュ	グレー

〈拡大図〉

no.13 しましまセーター ▶P.20

[糸] スキー UKブレンドメランジ カラシ(8008)45g、黄緑(8007)30g、グレー(8014)27g、茶(8009)7g
[針] かぎ針7.5/0号、とじ針
[その他] スナップボタン(14mm)3セット、飾りボタン(2cm)3個
[ゲージ] 長編み15目7段=10cm四方、細編み15目19段=10cm四方
[仕上がりサイズ] 下図参照

[作り方]
①後ろ身頃を編む。くさり編み15目で作り目をして、後ろ身頃を編む。
②前身頃を編む。後ろ身頃の両サイドに、前身頃を編む。
③縁を編む。カラシで編む。
④袖を編む。本体編み図(P.68)の袖編み付け位置に細編み40目の増減なしで4段目まで編む。
⑤襟を編む。くさり編み9目で作り目をし、増減なしのうね編みで48段目まで編む。
⑥組み立てる。組み立て方を参照し、襟とボタンを本体にとじ針で縫い付ける。

モデル犬
プー(トイ・プードル)
a胴回り33cm、b首回り26cm、c前身頃幅6cm、
d首〜しっぽの付け根26cm、e首〜脇13.5cm

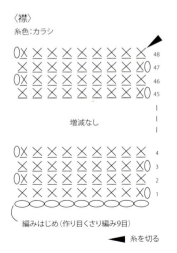

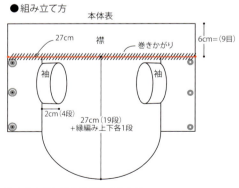

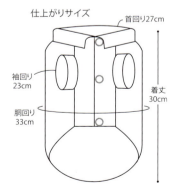

次のページへ続く→

67

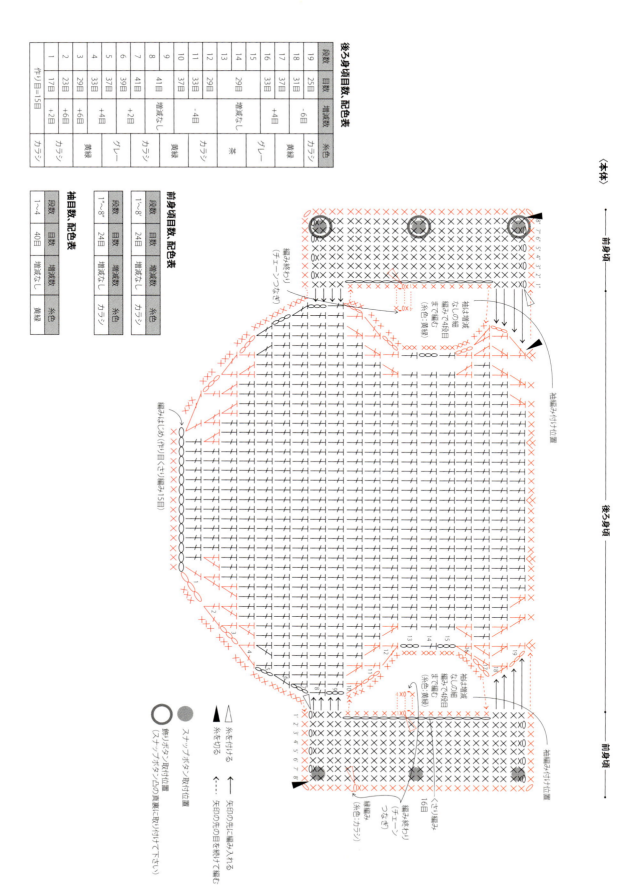

no. 18 段染め糸のセーター ▶ P.25

[糸] パピー レッチェ 赤系(411)55g、ブリティッシュ ファイン 赤(6)20g
[針] かぎ針4/0号、とじ針
[その他] プラスチックスナップボタン(ピンク・14mm) 4組
[ゲージ] 長編み26目14段=10cm四方、細編み26目36段=10cm四方
[仕上がりサイズ] 下図参照

[作り方]
① 後ろ身頃を編む。赤系の糸(411)でくさり編み30目で作り目をし、後ろ身頃を編む。
② 前身頃を編む。赤の糸(6)で後ろ身頃の両サイドに前身頃を編む。
③ 縁編み・襟を編む。赤の糸で縁編みをし、続けて襟を編む。
④ 赤の糸で袖の縁編みを編む。
⑤ 指定の位置にスナップボタンを付ける。

[モデル犬]
レナ(トイ・プードル)
a 胴回り36cm、b 首回り23cm、c 前身頃幅4cm、
d 首～しっぽの付け根35cm、e 首～脇14cm

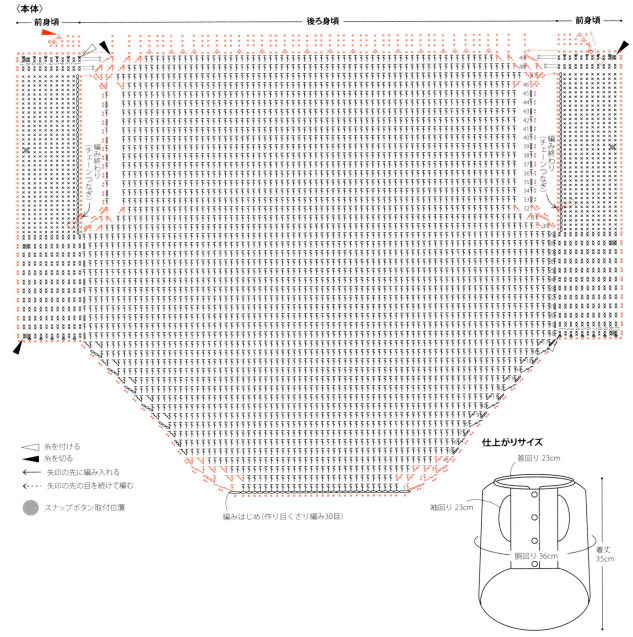

69

no. 14 しましまフェイスマフラー ▶P.21

[糸] スキー UKブレンドメランジ カラシ(8008)50g、黄緑(8007)55g、グレー(8014)35g、茶(8009)20g 白(8001)80g 黒(8025)2g
[針] かぎ針7.5/0号、とじ針
[その他] ポンポンメーカー(直径45mmサイズ)
[ゲージ] 模様編み20目16段=10cm四方
[仕上がりサイズ] P.71参照

[作り方]
①本体を編む。くさり編み25目で作り目をし、増減なしの往復編みで210段目まで編む。
②各パーツを編む。頭、マズル、お尻、耳、前後の足をわの作り目に細編み6目編み入れ、各編み図のとおり編む。
③顔を作る(顔の作り方参照)。
④組み立てる。組み立て方を参照し、各パーツを本体にとじ針で縫い付ける。
⑤ポンポンを作る。白の糸をポンポンメーカーのアームに120回ずつ巻き、しぼった糸を残し、45mmのポンポンを作る。しぼった糸の残りの糸をとじ針に通し、しっぽ部分にくくりつける。

〈本体〉
編みはじめ(作り目くさり編み25目)
2段目~3段目を210段目まで繰り返す
糸を切る

目数、配色表

段数	目数	増減数	糸色
85~90			黄緑
79~84			茶
73~78			黄緑
67~72			カラシ
61~66			黄緑
55~60			カラシ
49~54			グレー
43~48	25目	増減なし	グレー
37~42			茶
31~36			カラシ
25~30			黄緑
19~24			カラシ
13~18			グレー
7~12			黄緑
1~6			カラシ
作り目=25目			カラシ

段数	目数	増減数	糸色
205~210			グレー
199~204			カラシ
193~198			黄緑
187~192			茶
169~186			グレー
163~168			黄緑
157~162			カラシ
151~156	25目	増減なし	黄緑
145~150			カラシ
133~144			黄緑
127~132			茶
121~126			黄緑
115~120			グレー
109~114			カラシ
103~108			グレー
91~102			カラシ

〈頭、マズル〉各1枚
頭…16段目まで
マズル…4段目まで
※長々編みの足が手前(表面)に山折りになるように編むとぼこぼことした編み模様がでます。

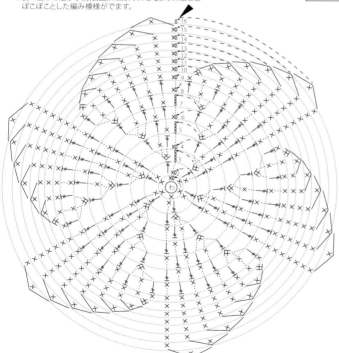

〈耳〉×2枚

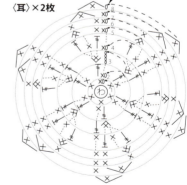

段数	目数	増減数	糸色
16	6目		
15	12目		
14	18目		
13	24目	-6目	
12	30目		
11	36目		
10	42目		
9	48目	増減なし	白
8	48目		
7	42目		
6	36目		
5	30目	+6目	
4	24目		
3	18目		
2	12目		
1	6目		

- - - - 点線の先の目を続けて編む
……… 点線の先の目に編み入れる

段数	目数	増減数	糸色
8	6目	-6目	
7	12目		
6	18目	増減なし	
5	18目	-6目	
4	24目		白
3	18目	+6目	
2	12目		
1	6目		

- - - - 点線の先の目を続けて編む
……… 点線の先の目に編み入れる

〈お尻〉

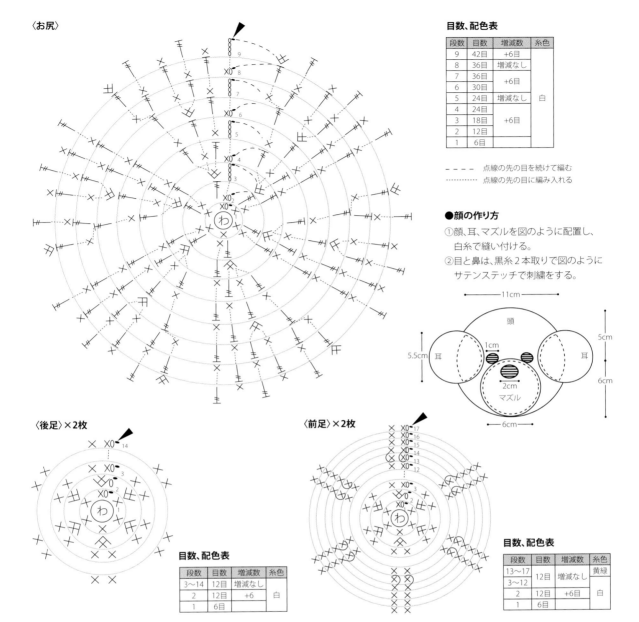

目数、配色表

段数	目数	増減数	糸色
9	42目	+6目	白
8	36目	増減なし	
7	36目	+6目	
6	30目		
5	24目	増減なし	
4	24目		
3	18目	+6目	
2	12目		
1	6目		

— — — 点線の先の目を続けて編む
……… 点線の先の目に編み入れる

● 顔の作り方
① 顔、耳、マズルを図のように配置し、白糸で縫い付ける。
② 目と鼻は、黒糸2本取りで図のようにサテンステッチで刺繍をする。

〈後足〉×2枚

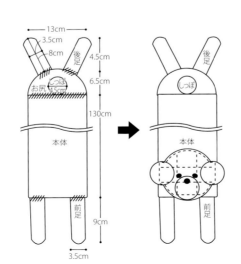

目数、配色表

段数	目数	増減数	糸色
3～14	12目	増減なし	白
2	12目	+6	
1	6目		

〈前足〉×2枚

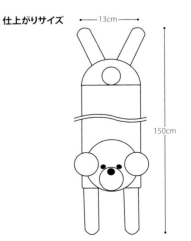

目数、配色表

段数	目数	増減数	糸色
13～17	12目	増減なし	黄緑
3～12	12目	増減なし	白
2	12目	+6	
1	6目		

● 組み立て方
① 前後足4本とお尻の編み地にアイロンをかけ平らにプレスし、巻きかがりで指定の位置に縫い付ける。
② しっぽ(ポンポン)のしぼった糸をとじ針でお尻の編み目に通し、固結びで取り付ける。
③ 顔を図の位置に配置し、表に響かないよう点線部分を本体にとじ針で縫い付ける。

仕上がりサイズ

no. 15 耳付きキャスケット ▶ P.22

[糸] スキー フォギー グレー(2921)65g、
こげ茶(2923)18g
[針] かぎ針6/0号、とじ針
[その他] 飾りボタン(2cm)2個
[ゲージ] 細編み16目21段=10cm四方
[仕上がりサイズ] P.73参照

[作り方]
①クラウンを編む。わの作り目に細編み6目編み入れる。編み図のとおり増減させながら36段目まで編む。
②ツバを編む。クラウン36段目終わりから続けて、編み図のとおり往復編みで編む。
③縁編みする。ツバ17段目の終わりから続けて縁を編む。
④パーツを編む。ベルト、耳、耳内側を編み図のとおり編む。
⑤組み立てる。組み立て方を参照し、各パーツを本体にとじ針で縫い付ける。

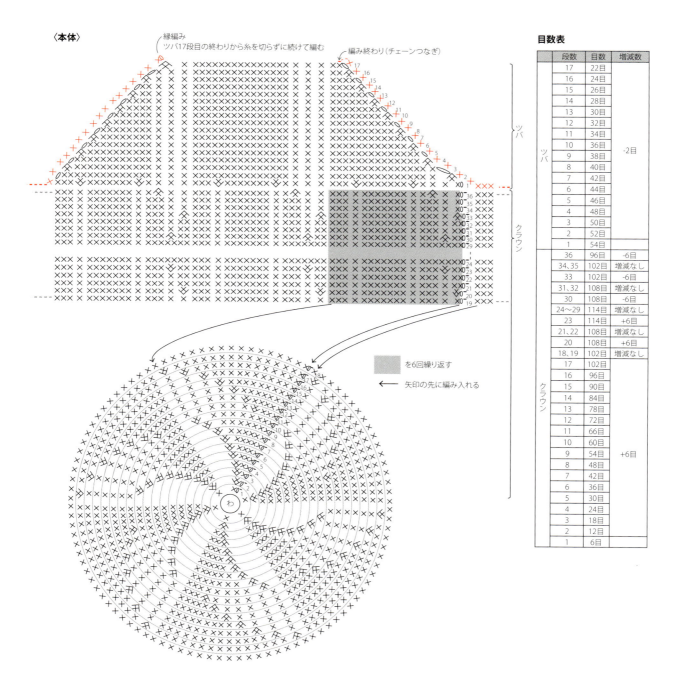

目数表

	段数	目数	増減数
ツバ	17	22目	-2目
	16	24目	
	15	26目	
	14	28目	
	13	30目	
	12	32目	
	11	34目	
	10	36目	
	9	38目	
	8	40目	
	7	42目	
	6	44目	
	5	46目	
	4	48目	
	3	50目	
	2	52目	
	1	54目	
クラウン	36	96目	-6目
	34、35	102目	増減なし
	33	102目	-6目
	31、32	108目	増減なし
	30	108目	-6目
	24〜29	114目	増減なし
	23	114目	+6目
	21、22	108目	増減なし
	20	108目	+6目
	18、19	102目	増減なし
	17	102目	
	16	96目	
	15	90目	
	14	84目	
	13	78目	
	12	72目	
	11	66目	
	10	60目	+6目
	9	54目	
	8	48目	
	7	42目	
	6	36目	
	5	30目	
	4	24目	
	3	18目	
	2	12目	
	1	6目	

〈耳〉×2枚
糸色：こげ茶

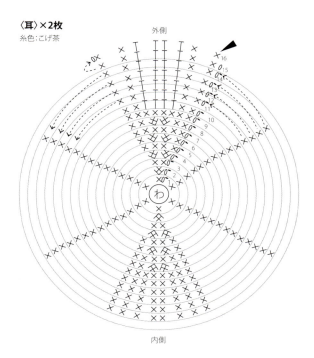

〈耳内側〉×2枚
糸色：グレー
(右耳は表面、左耳は裏面を使用する)

目数表

段数	目数	増減数
16	8目	増減なし
15	8目	-12目
9〜14	20目	増減なし
8	20目	+4目
7	16目	増減なし
6	16目	+4目
5	12目	増減なし
4	12目	+4目
3	8目	増減なし
2	8目	+2目
1	6目	

←---- 矢印の先の目を続けて編む

〈ベルト〉 糸色：こげ茶

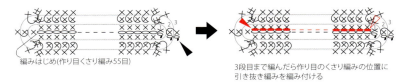

編みはじめ(作り目くさり編み55目)

3段目まで編んだら作り目のくさり編みの位置に引き抜き編みを編み付ける

目数表

段数	目数	増減数
3	120目	+4目
2	116目	+4目
1	112目	

 糸を付ける　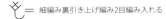 糸を切る

= 細編み裏引き上げ編み2目編み入れる

●耳の作り方
①耳編み地の中長編みがある辺を外側にし、平らにする。
②耳内側編み地の中長編みがある辺を外側にし、図のように耳編み地に合わせ、巻きかがりで縫い付ける。

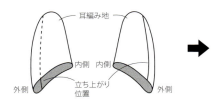
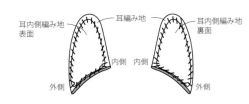

●組み立て方
①耳を作り、本体の指定の位置に巻きかがりで縫い付ける。
②ベルトをツバの端に合わせ、ボタンと一緒に本体に縫い付ける。

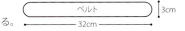
ベルト 3cm　32cm

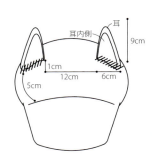

仕上がりサイズ
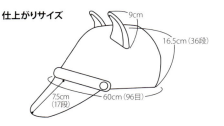

no. 16 耳出しキャップ ▶ P.22

[糸] スキー フォギー グレー(2921)20g、こげ茶(2923)3g
[針] かぎ針6/0号、とじ針
[その他] 飾りボタン(1.5cm)2個
[ゲージ] 細編み16目21段=10cm四方
[仕上がりサイズ] 下図参照

[作り方]
①クラウンを編む。くさり編み45で作り目をし、編み図のとおり20段目まで編む。
②裾を編む。❸の位置に糸を付け、増減なしで3段目まで編む。
③ツバを編む。作り目8目めに糸を付け、増減させながら往復編みで11段目まで編む。
④縁編みをする。ツバ11段目め終わりから続けて、縁を細編みで編み図のとおり編む。
⑤パーツを編む。ベルト、あごひもを編む。
⑥組み立てる。〈組み立て方〉を参照し、各パーツを本体にとじ針で縫い付ける。

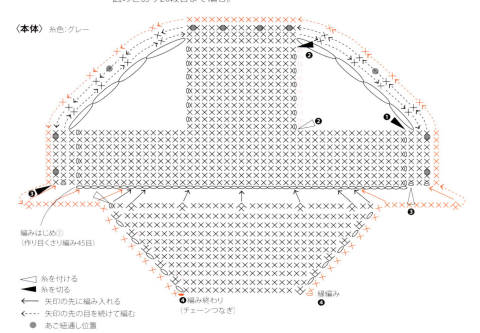

〈本体〉糸色:グレー

	段数	目数	増減数
ツバ	11	16目	-2目
	10	18目	-2目
	9	20目	-2目
	8	22目	-2目
	7	24目	-2目
	6	26目	-2目
	5	28目	-2目
	4	30目	-2目
	3	32目	-2目
	2	34目	-2目
	1	36目	
裾	1~3	39目	
クラウン	10~20	15目	増減なし
	9	15目	-30目
	1~8	45目	
	作り目=45目		

編みはじめ①
(作り目くさり編み45目)

△ 糸を付ける
▲ 糸を切る
← 矢印の先に編み入れる
⇠ 矢印の先の目を続けて編む
● あご紐通し位置

❹ 編み終わり(チェーンつなぎ)
縁編み

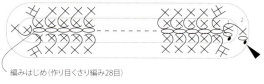

〈ベルト〉糸色:こげ茶

編みはじめ(作り目くさり編み28目)

⟋ 細編み裏引き上げ編み2目編み入れる

●組み立て方
①本体編み図の●の位置に、くさり編み90目で編んだあごひもを波縫いの要領で取り付ける。
②ベルトをツバの端に合わせ、ボタンと一緒に本体に縫い付ける。

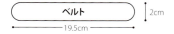
ベルト 19.5cm 2cm

目数表

段数	目数	増減数
2	62目	+4目
1	58目	

〈あごひも〉糸色:グレー 2本取り(6/0号で硬めに編む)

くさり編み90目

仕上がりサイズ

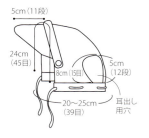

5cm(11段)
24cm(45目)
8cm
5cm(12段)
20~25cm(39目)
耳出し用穴

● サイズ調整のしかた

① わんこの各部位のサイズを測り、ゲージを元にして図Aと照らし合わせそれぞれの目数と段数を割り出す。顔回りと耳間の目数が偶数になった場合は、プラス1して奇数にする。

② 目尻間を測り、ツバの目数を割り出す。目数が偶数になった場合はプラス1して奇数にする。図Bのように増し目の位置を決め、2段目以降1段ごとに両端を1目ずつ減らし目しながらツバ奥行の長さ分の段を編む。

③ ベルトは作り目を目尻間と同じ長さになるように編み、〈ベルト〉編み図と同じく両端に増し目をしながら2段編む。あごひもは首回りの長さ+20cmになるまで編む。

図A

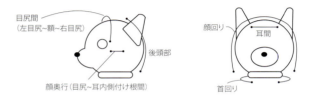

図B

① ツバ1段目で割り出したツバの目数に5目増し目する。増し目の位置は、両端からそれぞれ3目めと中心の3目、残り2目はその間を大体均等な位置に定める。
② クラウンの中心とツバの中心が合うようにツバを編みはじめる。

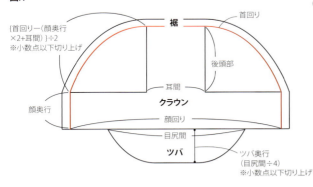

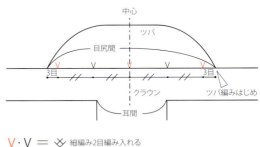

no. 17 段染め糸のスヌード ▶P.25

[糸] パピー レッチェ 赤系(411) 175g
[針] かぎ針6/0号、とじ針
[ゲージ] 長編み22目12段=10cm四方
[仕上がりサイズ] 下図参照

[作り方]
① 本体を編む。くさり編み81目で作り目をし、編み図のとおりに編む。
② 〈巻きかがり方〉の矢印の先の目を全目巻きかがりで両端をはぎ合わせる。

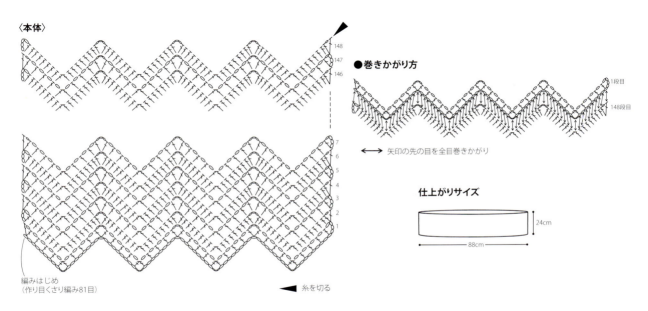

no.19 フード付きデニム風セーター ▶P.26

[糸] DMC ナチュラデニム ユーズドブルー(137)160g、ストーンウォッシュ(17)15g、ナチュラ 黄(N16)少々
[針] かぎ針6/0号、とじ針
[その他] カシメ(アンティークゴールド・頭径10mm・足10mm)2組、プラスチックスナップボタン(水色・14mm)4組
[ゲージ] 長編み18目9段=10cm四方、細編み18目20段=10cm四方
[仕上がりサイズ] 下図参照

[作り方]
①後ろ身頃を編む。くさり編み18目で作り目をし、後ろ身頃を編む。
②前身頃を編む。後ろ身頃の両サイドに前身頃を編む。
③縁編み・フードを編む。縁編みをし、続けてフードを編む。フードの最終段を中表に二つ折りにして、全目巻きかがりではぎ合わせる。糸処理をして表に返す。〈フード縁編み〉のとおり、フードの縁編みを編む。
④袖の縁編みを編む。
⑤指定の位置にスナップボタンを付ける。
⑥飾りポケットを編む。〈飾りポケット〉のとおりに編む。
⑦ポケットの縁編みを編む。縁編み1段目は、ポケット10段目最後の目から続けて編む。縁編み2段目は黄の糸で編み図のとおり編む。
⑧本体にポケットを縫い付けてカシメを付ける。ポケットの取り付け位置は、犬に服を着せてバランスのいい位置に取り付ける。

> ● モデル犬
> リオ(イタリアン・グレーハウンド)
> a胴回り34cm、b首回り21cm、c前身頃幅7cm、d首〜しっぽの付け根33cm、e首〜脇16cm

〈フード縁編み〉

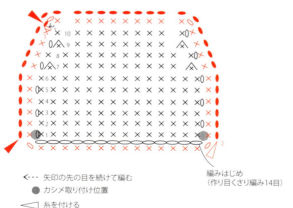

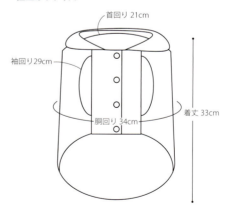

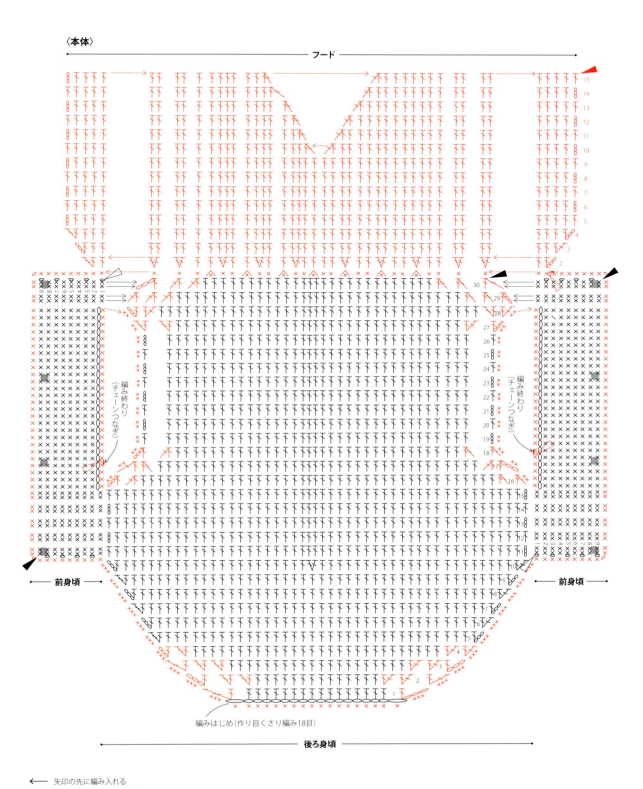

no. 20 ポケット付きデニム風バッグ ▶ P.27

[糸] DMC ナチュラデニム ユーズドブルー(137)185g、ストーンウォッシュ(17)70g、ナチュラ 黄(N16)少々
[針] かぎ針7/0号、とじ針
[その他] バッグ底(INAZUMA KBS-2108L・ネイビー #411)1枚、カシメ(アンティークゴールド・頭径10mm/足10mm)2組
[ゲージ] 細編み17目19段＝10cm四方
[仕上がりサイズ] P.79参照

[作り方]
① 底を編む。レザー底に引き抜き編みを一周し、チェーンつなぎをして糸処理をする(作り目)。
② 編み図のとおり、糸を付け作り目(引き抜き編み)1目に、細編みを2目ずつ編み入れ、40目増やし目する。
③ 側面・持ち手を編む。編み図のとおり、2段毎の往復編みで側面と持ち手を編む。
④ 飾りポケットを編む。〈飾りポケット〉のとおりに編む。
⑤ ポケットの縁編みを編む。縁編み1段目は、ポケット14段目最後の目から続けて編む。縁編み2段目は黄の糸で編み図のとおり編む。
⑥ 本体の指定の位置にポケットをとじ針で縫い付け、カシメを取り付ける。

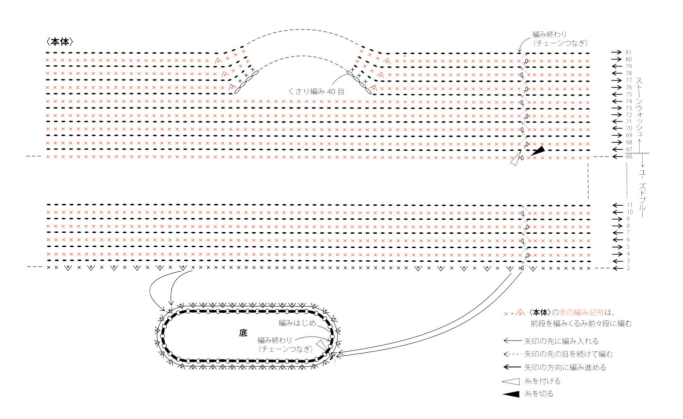

〈飾りポケット〉

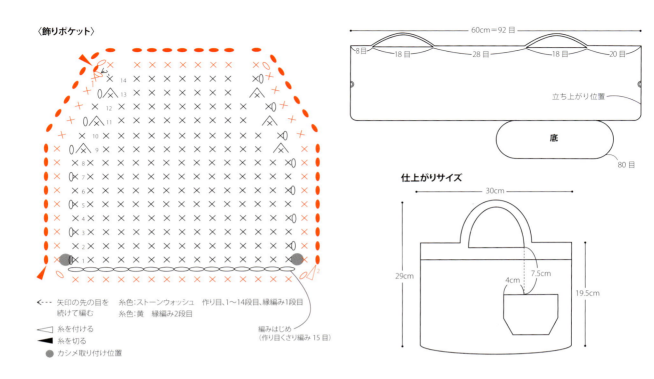

- ←--- 矢印の先の目を続けて編む
- △ 糸を付ける
- ▲ 糸を切る
- ● カシメ取り付け位置

糸色:ストーンウォッシュ　作り目、1〜14段目、縁編み1段目
糸色:黄　縁編み2段目

編みはじめ（作り目くさり編み15目）

仕上がりサイズ

目数、配色表

段数	編む方向	目数	増減数		糸色
81	→			持ち手	ストーンウォッシュ
80	→				
79	←				
78	←				
77	→				
76	→				
75	←				
74	←	92目	増減なし	側面	
73	→				
72	→				
71	←				
70	←				
69	→				
68	→				
67	←				ユーズドブルー
66	←				
65	→				
64	→				
63	←				
62	←				
61	→				
60	→				
59	←				
58	←				
57	→				
56	→				
55	←				
54	←				
53	→				
52	→				
51	←				
50	←				
49	→				
48	→				
47	←				
46	←				
45	→				
44	→				
43	←				
42	←				
41	→				

段数	編む方向	目数	増減数		糸色
40	→				ユーズドブルー
39	←				
38	←				
37	→				
36	→				
35	←				
34	←				
33	→				
32	→				
31	←				
30	←				
29	→				
28	→				
27	←				
26	←				
25	→				
24	→				
23	←				
22	←				
21	→	92目	増減なし	側面	
20	→				
19	←				
18	←				
17	→				
16	→				
15	←				
14	←				
13	→				
12	→				
11	←				
10	←				
9	→				
8	→				
7	←				
6	←				
5	→				
4	→				
3	←				
2	←	92目	+12目		
1	←	80目	+40目	底	
作り目=引き抜き編み40目					

no. 21 編み込み模様のターバン ▶P.28

[糸] リッチモア ファインパナシェ 黄(68)15g、
　　紫(80)10g、オフホワイト(3)10g、ピンク(70)5g、
　　グレー(23)8g、水色(77)8g
[針] かぎ針4/0号、とじ針
[その他] ボタン(2cm)1個
[ゲージ] 細編み27目28段=10cm四方
[仕上がりサイズ] P.81参照

[作り方]
① 本体を編む。くさり編み48目で作り目をし、1目めに引き抜き、輪にする。編み図のとおり145段目まで編む。本体を逆さにし、作り目に糸を付け、編み図のとおり1'～11'段目まで編む。
② ボタンホールを作る。反対側の編み地の端と合わせ、142段目に糸を付け、表と裏の目を一緒に拾い、細編みではぐ。
③ ボタンを付ける。本体10'段目の2・3目めの間にボタンをとじ針で縫い付ける。

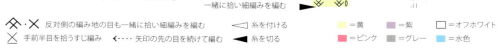

◇・× 反対側の編み地の目も一緒に拾い細編みを編む　◁ 糸を付ける　　□=黄　□=紫　□=オフホワイト
× 手前目を拾うすじ編み　　◀---- 矢印の先の目を続けて編む　▶ 糸を切る　　□=ピンク　□=グレー　□=水色

※通常のすじ編みは前段の頭の奥の半目を拾いますが、ここではすべて手前半目を拾います。
　表にすじを出さず、編み地の斜行を防いできれいな模様を編むためです。

〈本体〉編み図続き 　　　反対側の編み地の目を
　　　　　　　　　　　一緒に拾い細編みを編む

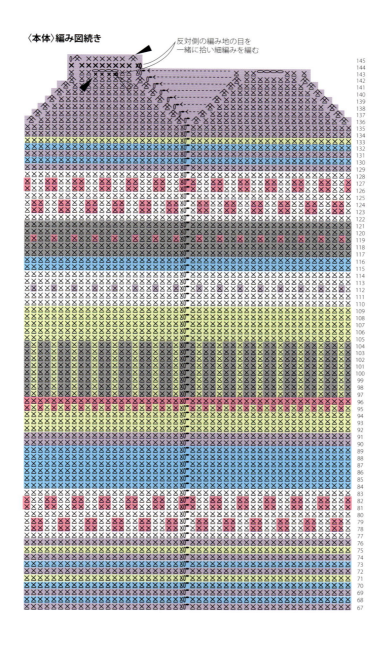

仕上がりサイズ

no. 22 編み込み模様の首輪 ▶ P.29

[糸] リッチモア ファインパナシェ 黄(68)3g、紫(80)2g、オフホワイト(3)1g、ピンク(70)1g、グレー(23)1g、水色(77)2g

[針] かぎ針4/0号、とじ針

[その他] ワンタッチバックル(ベルト幅20mm用)、アジャスター(ベルト幅20mm用)、Dカン(幅20mm)

[ゲージ] 細編み12目=4cm、28段=10cm

[仕上がりサイズ] 下図参照

[作り方]
① 本体を編む。くさり編み12目で作り目をし、1目めに引き抜き、輪にする。編み図のとおり104段目まで編む。
※首回りが25cm以下のワンちゃんは段数を減らしてください。
② 組み立てる。組み立て方を参照し、本体に各パーツを通し、とじ針でしっかり縫い付ける。

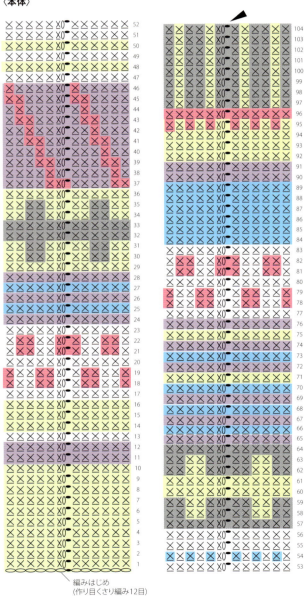

〈本体〉
編みはじめ
(作り目くさり編み12目)

× 手前半目を拾うすじ編み　◀ 糸を切る　□=黄　□=紫　□=オフホワイト　□=ピンク　□=グレー　□=水色

※通常のすじ編みは前段の頭の奥の半目を拾いますが、ここではすべて手前半目を拾います。表にすじを出さず、編み地の斜行を防いできれいな模様を編むためです。

● 組み立て方

① 編み地本体、バックル、Dカン、アジャスターを用意する。

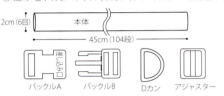

② バックルAを裏にし、図のように本体をDカンとバックルAに通し、Dカンを挟んで巻きかがりでしっかり縫い付ける。

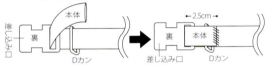

③ 本体の反対側からアジャスターとバックルBを通す。

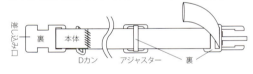

④ 本体の端を矢印の方向に差し込む。

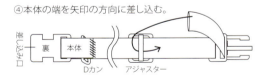

⑤ 本体の端と上に重なる本体を巻きかがりでしっかり縫い付ける。

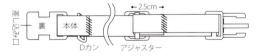

仕上がりサイズ

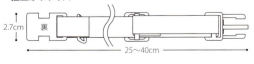

no.24 チェック柄フードウォーマー ▶P.31

[糸] DARUMA 原毛に近いメリノウール ネイビー(14)60g、
　　サンドベージュ(16)50g
[針] かぎ針8/0号、とじ針、縫い針
[その他] 縫い糸(黒)少々、ミニベルト(茶・8cm)1個、
　　　　ボタン(1.2cm)2個
[ゲージ] 模様編み19目21段=10cm四方
[仕上がりサイズ] 下図参照

[作り方]

①本体を編む。くさり編み99目で作り目をし、増減なしの往復編みで22段目まで編む。23段目は編み図のとおりに糸を付け、増減なしの往復編みで77段目まで編む(糸の替え方P.85参照)。

②フードを作る。本体を中表に合わせ77段目の終わりから編み図のとおり、サンドベージュの糸で、細編みではぐ。

③縁を編む。本体を表に返し23段目の終わりの目にネイビーの糸を付け、縁を編む。

④ボタンホールを付ける。編み図のとおり、ネイビーの糸でボタンホールを編む。

⑤組み立てる。組み立て方を参照し、各パーツを本体に縫い針で縫い付ける。

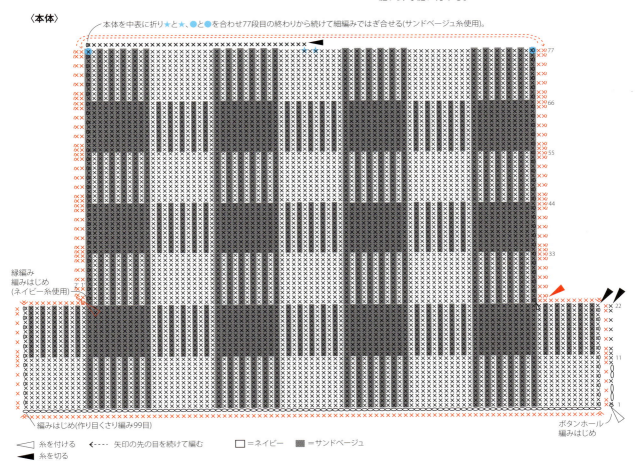

●組み立て方
指定の位置にベルトとボタンを縫い付ける。

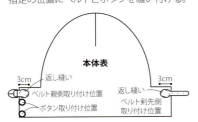

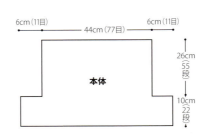

仕上がりサイズ

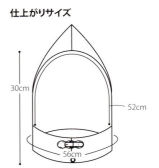

no.23 チェック柄フード付きポンチョ ▶P.30

[糸] DARUMA 原毛に近いメリノウール ネイビー(14)45g
(S:35g、L:75g)
サンドベージュ(16)40g(S:30g、L:65g)
[針] かぎ針8/0号、とじ針、縫い針
[その他] 縫い糸(黒)少々、ミニベルト(茶)8cm1個、
平ソフトゴム(黒)11cm2本
[ゲージ] 模様編み19目21段=10cm四方
[仕上がりサイズ] P.85参照

[作り方]
①本体を編む。くさり編み48目で作り目をし、増減させながら往復編みで88段目まで編む。
②フードを作る。本体を中表に合わせ、88段目の終わりから編み図のとおりネイビーの糸を使い、細編みではぐ。
③縁を編む。本体を表に返し、56段目の1目めにネイビーの糸を付け縁を編む。
④組み立てる。組み立て方を参照し、各パーツを本体に縫い針で縫い付ける。

― モデル犬 ―
ノア(ロングコートチワワ)
a胴回り35cm、b首回り26.5cm、c前身頃幅6cm、
d首～しっぽの付け根26cm、e首～脇9cm

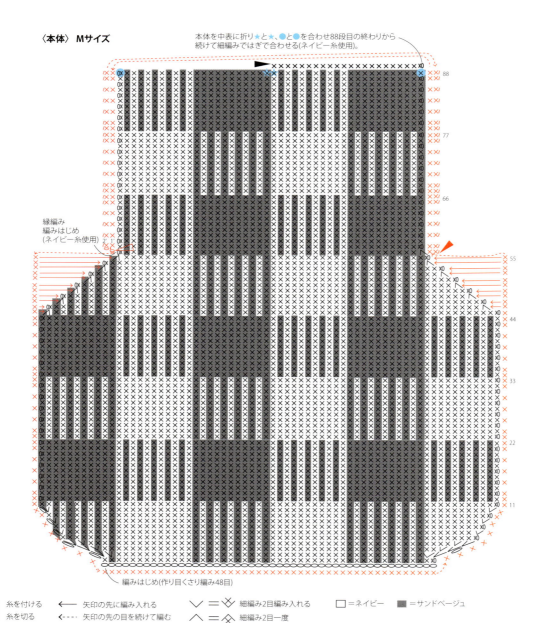

●糸の替え方

①糸Aの細編みの最後の引き抜きのとき、糸Bに替え、針をかけ引き抜く。

②次の目の頭に針を入れ、糸Aと糸Bの糸端の下にくぐらせ、糸Bに針をかけ矢印の方向に引き出す。

③糸Bの細編みの最後の引き抜きのとき、糸Aに替え、針をかけ矢印の方向に引き出し、糸B、糸Bの糸端を編みくるむ。

④1目糸が替わったところ。

⑤糸Aの細編みの最後の引き抜きのとき、糸Bに替え、針をかけ矢印の方向に引き出し、糸A、糸Bの糸端を編みくるむ。

⑥③～⑤を繰り返し1目ごとに糸が替わったところ。

●組み立て方

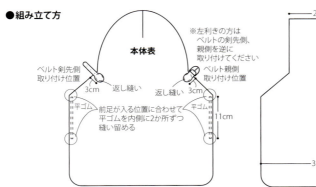

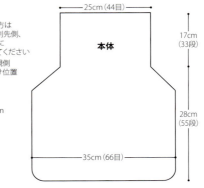

仕上がりサイズ(M)

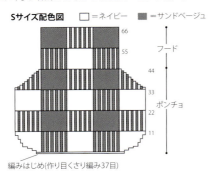

●Sサイズの作り方

SサイズはMサイズより縦1マス分1列、フード、ポンチョ部分よりそれぞれ横1マス分1列ずつ減らす。Mサイズと同じく細編みで四つ角を増減させながら配色図のとおり編む。

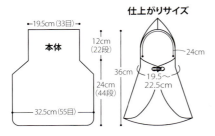

●Lサイズの作り方

LサイズはMサイズより縦1マス分1列、フード、ポンチョ部分よりそれぞれ横1マス分1列ずつ増やす。
Mサイズと同じく細編みで四つ角を増減させながら配色図のとおり編む。

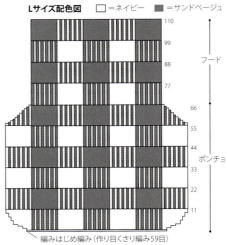

仕上がりサイズ

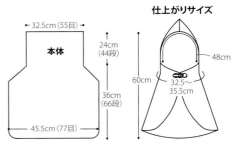

no.25 フロアクッション ▶P.32

[糸] DMC フックドゥ ズパゲッティ ストライプ(STR)
950g、紺(MARINE) 350g
[針] ジャンボかぎ針8mm、とじ針
[その他] 固綿シート(400mm×400mm×厚さ3.5cm)2枚
[ゲージ] フロアクッション底:細編み9目8.5段=10cm
　　　　四方、側面:模様編み10目11段=10cm四方
※糸の特性上、ネイビーとストライプの太さが違うため、
ゲージが異なります。
[仕上がりサイズ] 下図参照

[作り方]
①底面を編む。わの作り目に細編み7目を編み入れ、増し目をしながら16段目まで編む。これを2枚編む。
②側面を編む。くさり編み10目で作り目をし、2段目からはうね編みで112段目まで編む。
③底面と側面を合わせる。底と側面を中表に合わせ、底面の最終段の目の頭と側面の端1段分ずつを拾い、紺の糸で巻きかがりで合わせる。編み地を外表にひっくり返し、側面の作り目のくさりの残り半目と最終段の内側の半目を拾い、紺の糸で巻きかがりではぎ合わせる。直径39cmの円形にカットした固綿シートを2枚重ねて中に入れる。もう1枚の底面を外表に被せ、底面の最終段の目の頭と側面の端1段分ずつを拾い、紺の糸で巻きかがりで合わせる。

目数表

段数	目数	増減数
16	112目	+7目
15	105目	+7目
14	98目	+7目
13	91目	+7目
12	84目	+7目
11	77目	+7目
10	70目	+7目
9	63目	+7目
8	56目	+7目
7	49目	+7目
6	42目	+7目
5	35目	+7目
4	28目	+7目
3	21目	+7目
2	14目	+7目
1	7目	

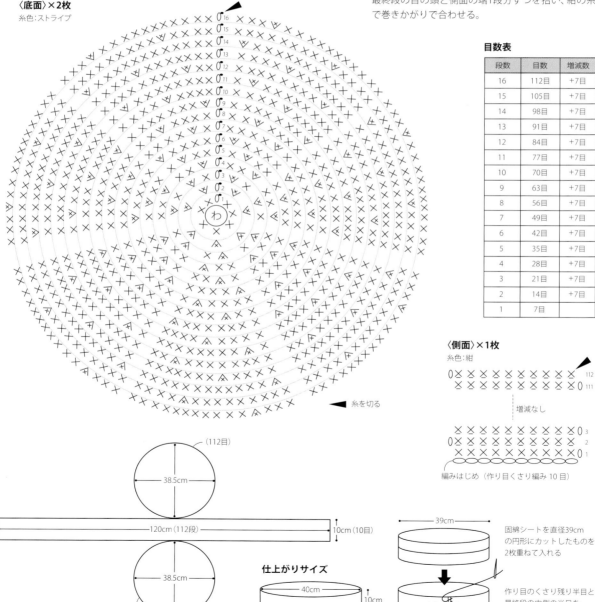

no. 26 わんこベッド ▶P.33

[糸] DMC フックドゥ ズパゲッティ 紺(MARINE)1650g、ストライプ(STR)650g
[針] ジャンボかぎ針8mm、とじ針
[その他] 手芸綿300g
[ゲージ] 細編み、模様編みともに9目10段=10cm四方
[仕上がりサイズ] 下図参照

[作り方]
①底面を編む。くさり編み3目の作り目に細編み8目を編み入れ、増し目をしながら21段目まで編む。
②縁を編む。くさり編み27目で作り目をし、2段目からはうね編みで132段目まで編む。
③底面と縁を合わせる。縁の編み地を外表に二つ折りにし、縁の1段分の両端と底面の最終段の目を合わせ、3枚まとめて紺の糸で巻きかがりで合わせる。このとき、底面編み図の*の部分のみ、底面1目に対して縁を2段分合わせる。途中で手芸綿を入れながら底面を合わせたら、縁の作り目の残り半目と最終段の内側の半目を拾い、紺の糸で巻きかがりではぎあわせてとじる。

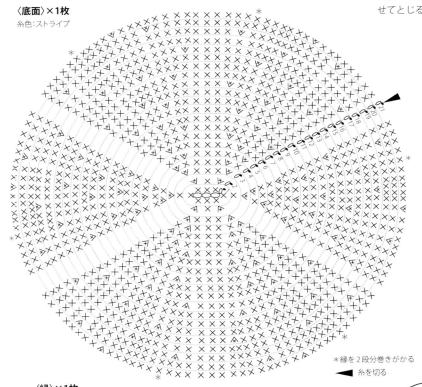

〈底面〉×1枚
糸色:ストライプ

〈縁〉×1枚
糸色:紺

編みはじめ(作り目くさり編み 27目)

*縁を2段分巻きがかる
▶糸を切る

目数表

段数	目数	増減数
21	126目	+6目
20	120目	+6目
19	114目	+6目
18	108目	+6目
17	102目	+6目
16	96目	+6目
15	90目	+6目
14	84目	+6目
13	78目	+6目
12	72目	+6目
11	66目	+6目
10	60目	+6目
9	54目	+6目
8	48目	+6目
7	42目	+6目
6	36目	+6目
5	30目	+6目
4	24目	+6目
3	18目	+6目
2	12目	+4目
1	8目	
作り目=くさり3目		

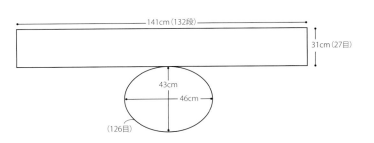

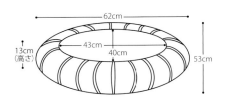

編み地を外表に二つ折りにし、縁の1段分の両端と底面の最終段の目を合わせ、3枚まとめて紺の糸で巻きかがりで合わせる。

仕上がりサイズ

no.27 デニム風スリングバッグ ▶ P.34

[糸] DMC ナチュラデニム ストーンウォッシュ(17) 440g
[針] かぎ針7/0号、とじ針
[その他] クロシェマーカー
[ゲージ] 模様編みA 16目=10cm、4段=3.5cm、模様編みB 19目20段=10cm四方
[仕上がりサイズ] 下図参照

[作り方]
① 本体を編む。くさり編み50目で作り目をし、増し目をしながら模様編みAを31段編む。これを2枚編む。
② スリングひもを編む。くさり編み25目で作り目をし、増減なしで模様編みBを306段編む。
③ 組み立てる。とじ針で本体とスリングひもを組み立て方①のように巻きかがりで合わせる。反対側も同様に合わせる。
④ 組み立て方②のようにスリングひもの端同士を巻きかがりで合わせる。

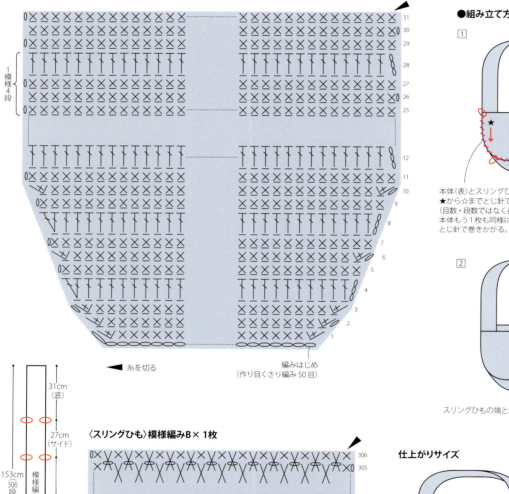

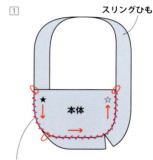

●組み立て方
①
スリングひも
本体
本体(表)とスリングひもを外表に合わせ、★から☆までとじ針で巻きかがる(目数・段数ではなく長さ優先)。本体もう1枚も同様にスリングひもにとじ針で巻きかがる。

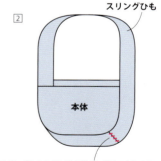

②
スリングひも
本体
スリングひもの端と端を巻きかがりで合わせる。

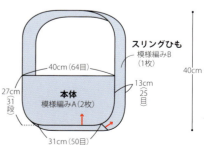

仕上がりサイズ

no. 28 フェイスがま口 ▶ P.36

[糸] A(トイプードル):リッチモア サスペンス 薄金(12)15g
B(柴犬):リッチモア サスペンス 橙(22)12g、銀(1)3g
C(フレンチ・ブルドック):リッチモア サスペンス 黒(11)15g、銀(1)3g、ピンク(16)1g
[針] かぎ針4/0号、とじ針、縫い針
[その他] ワンプッシュ口金(H207-011-4)アンティーク各1個、あみぐるみEYEクリスタルブラウン(ボタンタイプ12mm)各2個、ドッグノーズ黒(H220-908-1:幅8mm)各1個、縫い糸、手芸用ボンド、手芸綿少々、チェーン(16cm)1本、クリップ4個

[ゲージ] 細編み16目21段=10cm四方
[仕上がりサイズ] P.91参照

[作り方]
①本体を編む。わの作り目に細編み6目編み入れ、編み図のとおり増減させながら39段目まで編む。
②パーツを編む。各種類のマズル、耳、目まわりなどを編み図のとおり編む。
③口金を付ける。口金の付け方を参照し、口金を縫い針で縫い付ける。
④組み立てる。〈組み立て方〉を参照し、各パーツを本体にとじ針で縫い付ける。

〈本体〉

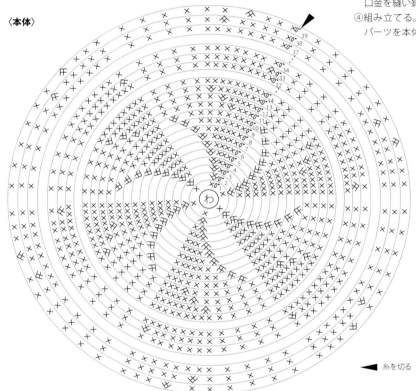

◀ 糸を切る

A 目数、配色表

段数	目数	増減数	配色
39	60目	-6目	
38	66目	-6目	
34~37	72目	増減なし	
33	72目	-6目	
14~32	78目	増減なし	
13	78目		
12	72目		
11	66目		薄金
10	60目		
9	54目		
8	48目	+6目	
7	42目		
6	36目		
5	30目		
4	24目		
3	18目		
2	12目		
1	6目		

B 目数、配色表

段数	目数	増減数	配色、目数	
39	60目	-6目	橙	
38	66目	-6目		
34~37	72目	増減なし		
33	72目	-6目		
24~32	78目	増減なし		
14~23	78目		橙40-78目め	銀1-39目め
13	78目		橙37-72目め	銀1-36目め
12	72目		橙34-66目め	銀1-33目め
11	66目		橙31-60目め	銀1-30目め
10	60目		橙28-54目め	銀1-27目め
9	54目	+6目	橙25-48目め	銀1-24目め
8	48目		橙	
7	42目			
6	36目			
5	30目			
4	24目			
3	18目			
2	12目			
1	6目			

C 目数、配色表

段数	目数	増減数	配色、目数		
39	60目	-6目	黒20-60目め	銀13-19目め	黒1-12目め
38	66目	-6目	黒21-66目め	銀14-20目め	黒1-13目め
34~37	72目	増減なし	黒22-72目め	銀15-21目め	黒1-14目め
33	72目	-6目			
22~32	78目	増減なし	黒23-78目め	銀18-22目め	黒1-17目め
14~21	78目				
13	78目				
12	72目				
11	66目				
10	60目		黒		
9	54目	+6目			
8	48目				
7	42目				
6	36目				
5	30目				
4	24目				
3	18目				
2	12目				
1	6目				

次のページへ続く→

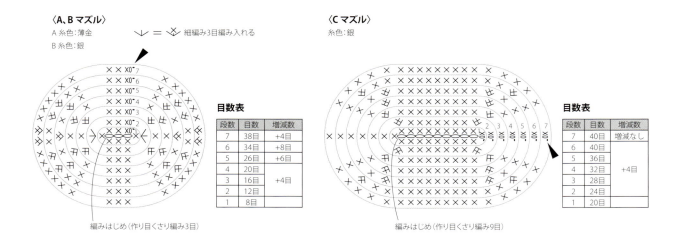

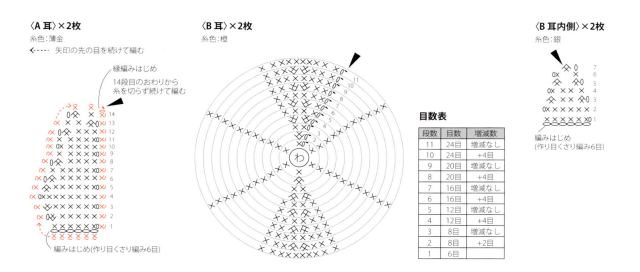

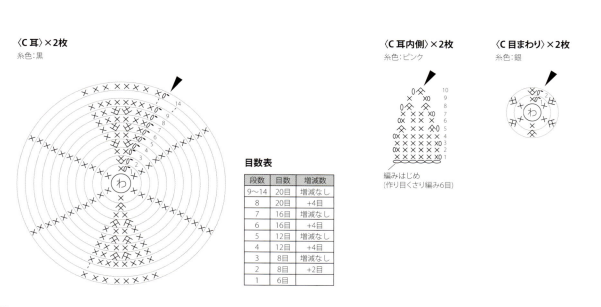

●口金の付け方

①口金を開き、本体の編み地の縁を口金の溝に挟んで図のように4カ所クリップなどで固定させる。
②各種目立たない色の糸を使い、返し縫いで口金に縫い付ける。

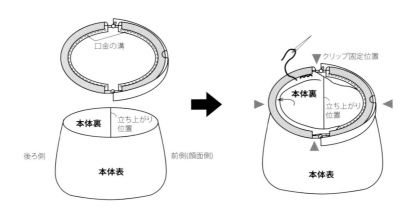

●組み立て方

①各種マズルから縫い付ける。
②図の寸法を参照し、各パーツを縫い付ける(鼻のみ手芸用ボンドを付けマズルに取り付ける)。
③立ち耳のB、Cは耳内側を縫い付け、本体後ろ側に縫い付ける。
④お好みで★部分にチェーンを付ける。

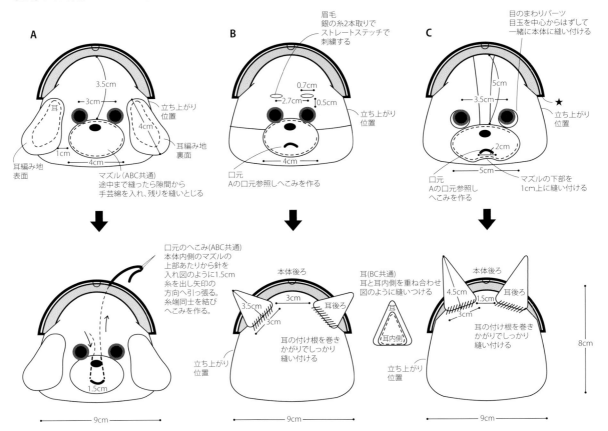

かぎ針編みの編み記号

くさり編み　かぎ針に糸を巻き付け、糸をかけ引き抜く。

   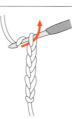

引き抜き編み　前段の目にかぎ針を入れ、糸をかけ引き抜く。

 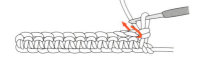

細編み　立ち上がりのくさり1目は目数に入れず、上半目に針を入れ糸を引き出し、糸をかけ2ループを引き抜く。　　**すじ編み**　くさり半目に針を入れ、以降は細編みと同じ。

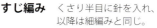

立ち上がり1目　　上半目に針を入れる。

細編み2目編み入れる　同じ目に細編み2目を編み入れる。

 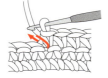 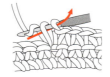 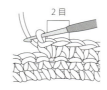

2目　　1目増

中長編み　かぎ針に糸をかけ作り目に針を入れ、糸をかけて引き出し、さらに糸をかけ3ループを一度に引き抜く。

    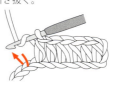

1回巻く　　台の目　立ち上がり2目

中長編みのすじ編み　前段の目の奥側半目に針を入れ、中長編みを編む。

 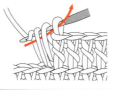

長編み　かぎ針に糸をかけ作り目に針を入れ、糸をかけて引き出し、さらに糸をかけ2ループ引き抜くを2回繰り返す。

1回巻く　　台の目　立ち上がり3目

長編みのすじ編み　前段の目の奥側半目に針を入れ、長編みを編む。

長々編み　かぎ針に2回糸をかけ前段の目に針を入れ、糸をかけて引き出し、さらに1回糸をかけ2ループ引き抜くを3回繰り返す。

長編み2目編み入れる　同じ目に長編み2目を編み入れる。

 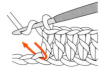  

長編み2目一度　矢印の位置に未完成の長編みを2目編み、糸をかけ一度に引き抜く。

バック細編み　編み地の向きはそのままで、左から右へ細編みを編む。

  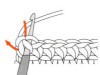  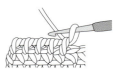

細編み裏引き上げ編み　前段の目の足を裏からすくい、細編みを編む。

 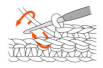 

細編み2目一度　1目めに針を入れ糸をかけて引き出し、次の目も引き出したら一度に引き抜く。

 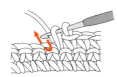 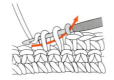 

棒針編みの編み記号

表編み

|

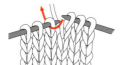  

①糸を向こう側に置き、右針を手前から左針の目に入れる。　②右針に糸をかけ、矢印のように手前に引き出す。　③引き出しながら左針をはずす。

裏編み

 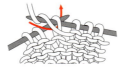 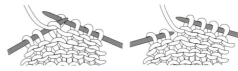

①糸を手前に置き、右針を左針の目の向こう側に入れる。　②右針に糸をかけ、矢印のように向こう側に引き出す。　③引き出しながら左針をはずす。

かけ目

○

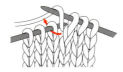 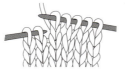 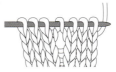

①右針に手前から糸をかける。　②次の目を編む。　③次の目を編むと穴ができる。

ねじり目

①右針を左針の目の向こう側に入れる。　②右針に糸をかけ、矢印のように手前に引き出す。　③引き出したループの根元がねじれる。

右上2目一度

①左針の目を編まずに手前から右針に移す。　②左針の目に右針を入れて、糸をかけて引き出す。　③右針に移した目に左針を入れ、編んだ目にかぶせる。

左上2目一度

①左針の2目の左側から一度に右針を入れる。　②右針に糸をかけ、2目一緒に表目で編む。

裏目の右上2目一度

  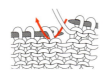 

①2目それぞれを編まずに右針に移す。　②左針の2目を右側から入れて、目を戻す。　③矢印のように右針を入れる。　④2目を一緒に裏目で編む。　⑤裏目の右上2目一度のでき上がり。

左上2目一度（裏目）

①左針の2目の右側から一度に右針を入れる。

②右針に糸をかけ、2目一緒に裏目で編む。

右上1目交差

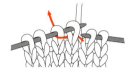
①左針の1目めをとばし、2目めに向こう側から右針で入れる。

②1目編む。

③左針のとばした1目を編む。

④糸を引き出したら左針から2目はずす。

左上1目交差

①左針の1目めをとばし、2目めに矢印のように針を入れる。

②1目編む。

③右側の1目を編む。

④糸を引き出したら左針から2目はずす。

右上2目と1目の交差（下側が裏目）

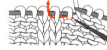
①左針の2目をなわ編み針に移す。

②1を手前に安め、3の目を裏目で編む。

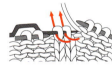
③1を表目で編む。

左上2目と1目の交差（下側が裏目）

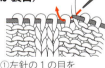
①左針の1の目をなわ編み針に移す。

②1を向こう側に休め、2と3の目を表編みで編む。

③1を裏目で編む。

右上2目交差

①左針の2目をなわ編み針に移し、手前側に休める。

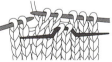
②左針の2目を編む。

③なわ編み針の2目を編む。

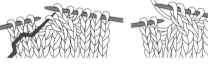

左上2目交差

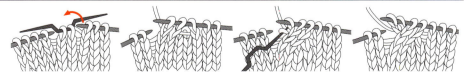
①左針の2目をなわ編み針に移し、向こう側に休める。
②左針の2目を編む。
③なわ編み針の2目を編む。

編集	武智美恵	素材提供	株式会社ダイドーフォワード
デザイン	伊藤智代美		パピー事業部
	宮田直子　小林愛実（株式会社シンクス デザイニングプロ）		http://www.puppyyarn.com/
編み図トレース協力	沼本康代		TEL 03-3257-7135
校正	Rikoリボン		
撮影	サカモトタカシ　天野憲仁		ディー・エム・シー株式会社
制作協力	佐倉光　矢羽田梨花子　宮井紫帆（フォーチュレスト）		http://www.dmc.com
			TEL 03-5296-7831
撮影協力	子犬カフェ RIO下北沢店		
	http://www.rio-corp.jp		ハマナカ株式会社
	TEL 03-6805-2747		http://www.hamanaka.co.jp
			TEL 075-463-5151（代）
作品製作	小鳥山いん子		
	blanco		株式会社元廣（スキー毛糸）
	Miya		http://www.skiyarn.com
	Rikoリボン		TEL 03-3663-2151
	矢羽田梨花子		
			横田株式会社・DARUMA
ヘアメイク	福留絵里		http://www.daruma-ito.co.jp/
モデル	AIKO（フォリオ）　小佐野唯衣（P.7、22-23）		TEL 06-6251-2183

内容に関するお問い合わせは
小社ウェブサイトお問い合わせフォームまでお願いいたします。
ウェブサイト　https://www.nihonbungeisha.co.jp/

お揃いで作りたい
手編みのわんこ服

2019年10月1日	第1刷発行
2021年2月10日	第2刷発行

編　者	日本文芸社
発行者	吉田芳史
印刷所	株式会社 光邦
製本所	株式会社 光邦
発行所	株式会社 日本文芸社
	〒135-0001　東京都江東区毛利2-10-18　OCMビル
	TEL 03-5638-1660（代表）

Printed in Japan 112190918-112210125 Ⓝ 02（201067）
ISBN978-4-537-21723-0
URL https://www.nihonbungeisha.co.jp/
© NIHONBUNGEISHA 2019
（編集担当　牧野）

印刷物のため、作品の色は実際と違って見えることがあります。ご了承ください。
本書の一部または全部をホームページに掲載したり、本書に掲載された作品を複製して店頭やネットショップなど
で無断で販売することは、著作権法で禁じられています。

乱丁・落丁本などの不良品がありましたら、小社製作部宛にお送りください。送料小社負担にておとりかえいたします。
法律で認められた場合を除いて、本書からの複写・転載（電子化を含む）は禁じられています。また、代行業者等の第
三者による電子データ化および電子書籍化は、いかなる場合も認められていません。